Publications de la Compagnie générale de Produits Antiseptiques

L'ACIDE SALICYLIQUE

ET SES APPLICATIONS

A LA CONSERVATION DES BOISSONS ET DES ALIMENTS

PAR

A. SCHLUMBERGER

CHIMISTE, MEMBRE DE LA SOCIÉTÉ FRANÇAISE D'HYGIÈNE

DE LA MAISON SCHLUMBERGER ET CERCKEL

SEULS CONCESSIONNAIRES DU BREVET KOLBE ET DE HEYDEN, POUR LA FRANCE, L'ESPAGNE,
ET LE PORTUGAL

DEUX MÉDAILLES D'ARGENT, DEUX MÉDAILLES D'OR
DEUX DIPLOMES D'HONNEUR

PARIS

SOCIÉTÉ GÉNÉRALE D'IMPRIMERIE ET DE LIBRAIRIE

156, RUE MONTMARTRE ET RUE DES JEUNEURS, 41

1880

LES POMPES ROTATIVES

DE
J. MORET & BROQUET

CONSTRUCTEURS BREVETÉS S. G. D. G.

USINE ET BUREAUX : 121, RUE OBERKAMPF, PARIS

Sont les seules adoptées par toute l'industrie vinicole, la brasserie, la distillation, les fabricants de cidre, etc. Leur succès va toujours croissant, et leur usage se généralise tant en France qu'à l'Étranger.

Prix et débit selon le numéro depuis 130 francs.

La Maison vend avec garantie de bon fonctionnement et exemption de tout vice de construction.

Envoi franco des prospectus détaillés

Le refoulement s'opère également par les robinets des foudres

Aux cinq récompenses accordées à l'Exposition universelle de 1878, nous ajoutons la grande Médaille d'or de l'Académie nationale de France, 1879.

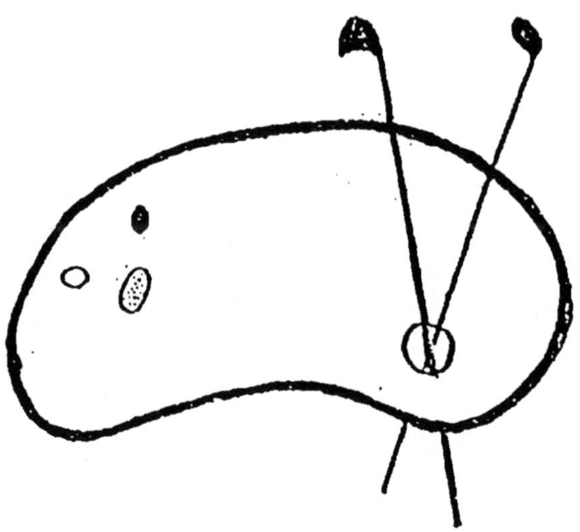

FIN D'UNE SERIE DE DOCUMENTS
EN COULEUR

GALLET, GIBOU & Ce

FABRICANTS DE GLUCOSE

À La Villette-Paris

LE SUCRAGE DE LA VENDANGE

Pour le sucrage de la vendange, le sucre de glucose *massé* doit être bien blanc, sans aucune trace de mauvais goût ni amertume, et présenter une densité de 42 degrés pour 15° de température. Notre produit est saccharifié aussi bien que possible et raffiné avec le plus grand soin.

Dans cet état, il est livrable en pains de 16 kilogr. comme les pains de sucre raffiné, ou bien en fûts à vin de 300 kilogr.

Avec 225 kilogr. glucose, environ, on doit obtenir 1 hectolitre d'alcool à 90 degrés, d'une finesse de goût indiscutable, puisque la matière première est parfaitement raffinée. Donc si on prend le prix de la glucose, par exemple, à 70 fr. les 100 kilos libérée de tous droits, l'hectolitre reviendra à $\frac{225^k.\times 70}{100} = 157$ fr. 50 ce qui est fort bon marché, puisque le cours de l'alcool ordinaire du Nord est de 70 francs, plus les droits de 156 francs 25 $= 226$ fr. 25.

Quant au produit ainsi obtenu, il aura, par son homogénéité et par la dissolution des principes essentiels du vin, au fur et à mesure de la fermentation et de la formation de l'alcool, une finesse de goût incontestablement supérieure aux produits obtenus par l'alcoolisation directe.

La glucose préparée en vue de l'amélioration des vins et des piquettes convient à plusieurs emplois pour lesquels il est bien difficile d'indiquer des proportions exactes, parce que cela dépend de la maturité du raisin, etc. Mais on peut classer cet emploi en vue de trois opérations distinctes :

1° Le sucrage de la vendange ;

2° L'alcoolisation de la piquette faite avec le marc.

3° L'alcoolisation de la piquette faite avec le raisin sec.

1° Dans la vendange, lorsque le raisin n'est pas assez mûr, il convient d'ajouter le sucre qui lui manque.

Le vigneron doit par son expérience savoir, à bien peu de chose près, ce que sera son vin et ce qu'il doit être d'habitude : si, en bonne année, il contient 9 degrés ou 10 degrés alcooliques, tandis qu'en mauvaise année, il ne titre que 6 degrés, c'est donc 3 ou 4 degrés à lui fournir par le sucre.

Pour cela on cassera la glucose en morceaux, pour en faciliter la fonte, et on ajoutera 2 kilogr. 25 grammes de glucose, par chaque degré alcoolique et pour chaque hectolitre de vin que représente la cuve ; ainsi, dans une cuve contenant 100 hectol. de raisin pouvant donner 80 hectol. de vin, on ajoutera, avec le raisin, au fur et à mesure, la quantité de :

Pour 1 degré alcoolique = 180 kilog. de glucose.
  2 —   = 360 —   —
  3 —   = 540 —   —
  4 —   = 720 —   —

2° La seconde opération, l'alcoolisation des piquettes, est, à notre avis, la plus importante, parce qu'il s'agit de rendre les piquettes parfaitement vendables et susceptibles de se conserver tout aussi bien que le vin.

Lorsque le vin sera tiré de la cuve, où vient de fermenter le raisin, on ne pressera pas le marc et on versera dans la cuve de l'eau sucrée ainsi préparée :

Dans des pièces à vin défoncées d'un bout, on verse 1 hectolitre 1/2 d'eau chaude sur 37 k, 50 de glucose.

Il est urgent de préparer tout cela d'avance, pour mettre l'eau sucrée aussitôt le vin tiré, de façon à ne pas laisser prendre au marc un mauvais goût ; alors il se fait une nouvelle fermentation très énergique, et le produit devra avoir une richesse de 10 degrés alcooliques qui reviendra au prix :

25 kilos glucose par hectolitre à 70 francs......	17 fr. 50
Main-d'œuvre, etc., etc.....................	3 fr. 50
Au maximum l'hectolitre...........	21 fr. 00

Si on prend le marc d'un raisin, dont le vin ne vaut que 100 ou 150 francs la pièce, on aura une piquette marchande, mais sans grande valeur, parce que le raisin ne doit pas présenter un grand excédent de tanin ni de parfum ; mais si, au contraire on choisit un marc de bon vin, on obtiendra une piquette qui vaudra presque le vin. On en a eu la preuve à Bordeaux, où, en vente publique, une piquette a été vendue, après dégustation, au prix de 1,400 francs le tonneau. Il s'agissait, il est vrai, d'un grand crû et d'une bonne année.

3° Pour le vin de raisin sec, il s'agit d'augmenter le degré alcoolique et les proportions indiquées plus haut doivent être maintenues.

Nous préconisons beaucoup le lessivage dans la cuve à fermentation avec le jus lui-même, de manière à obtenir une uniformité complète de la densité du jus et son aération avant la fermentation.

Lorsque la cuve sera pleine, foulée, sucrée, etc., on établira un grand baquet ou cuveau dans lequel on décantera le jus qui sera *pompé* au fur et à mesure, et remonté sur la cuve elle-même, avant la fermentation; lorsque ce lessivage semblera suffisant, on laissera la fermentation se produire; elle devra être bien plus active et surtout plus complète.

Les mêmes soins conviendront fort bien aux piquettes.

La fonte du sucre est toujours lente et difficile, de sorte que par ce moyen on sera plus certain d'y arriver.

GALLET, GIBOU & Cie

FABRICANTS DE GLUCOSE,

A LA VILLETTE-PARIS.

L'ACIDE SALICYLIQUE

ET SES APPLICATIONS

A LA CONSERVATION DES BOISSONS ET DES ALIMENTS

SOMMAIRE DES MATIÈRES

Publications de la Compagnie générale de Produits Antiseptiques

L'ACIDE SALICYLIQUE

ET SES APPLICATIONS

A LA CONSERVATION DES BOISSONS ET DES ALIMENTS

PAR

A. SCHLUMBERGER

CHIMISTE, MEMBRE DE LA SOCIÉTÉ FRANÇAISE D'HYGIÈNE

DE LA MAISON SCHLUMBERGER ET CERCKEL

SEULS CONCESSIONNAIRES DU BREVET KOLBE ET DE HEYDEN, POUR LA FRANCE, L'ESPAGNE
ET LE PORTUGAL

DEUX MÉDAILLES D'ARGENT, DEUX MÉDAILLES D'OR
DEUX DIPLOMES D'HONNEUR

PARIS

SOCIÉTÉ GÉNÉRALE D'IMPRIMERIE ET DE LIBRAIRIE

156, RUE MONTMARTRE ET RUE DES JEUNEURS, 41

1880

SUBSTANCES ANTISEPTIQUES [1]

(DÉFINITION)

Par antiseptique on entend tout moyen capable d'empêcher le développement des putréfactions et des fermentations, ou d'arrêter celles qui sont commencées. Ainsi le froid est un moyen antiseptique ; il en est de même du vide, de la dessiccation ; mais, par substances antiseptiques, on désigne plus particulièrement des préparations chimiques qui s'opposent à l'altération des composés organiques azotés même dans les conditions physiques où elle serait le plus facile. Ces corps agissent généralement en s'opposant au développement des germes et à leur multiplication.

Les principales substances antiseptiques sont : l'acide sulfureux et les sulfites, les sels de fer, d'aluminium, de cuivre, de mercure et plusieurs substances organiques (phénol, créosote, tanin, alcool, acide salicylique, acide benzoïque, etc.).

(Dictionnaire de chimie de Wurtz.)

---

(1) Antiseptique, du grec « septon » ferment, pourriture, et « anti » contraire.

PRÉFACE

Depuis que nous avons entrepris la vulgarisation de l'*Acide salicylique*, nous avons eu la satisfaction de voir apprécier de plus en plus les qualités de cet agent conservateur par excellence ; en même temps que ses applications industrielles se multipliaient, la fabrication de ce produit a pris une extension considérable, et aujourd'hui, nous pouvons dire que nos espérances ont été dépassées, et nos efforts couronnés d'un succès plus rapide que celui auquel nous osions prétendre.

Nous remercions pour notre part, tout autant que nos amis qui nous ont aidé dans notre tâche par d'intelligentes applications, nos contradicteurs qui ont éveillé la critique et provoqué des essais, car c'est, comme l'on dit : « du choc des idées que jaillit la lumière ».

Les preuves des services rendus par l'Acide salicylique sont si nombreuses et si évidentes que nous n'avons plus qu'à laisser au temps, le meilleur conseiller, le soin de donner satisfaction à ceux qui doutent encore de l'efficacité de cet antiseptique.

Les flatteuses distinctions dont nous avons été honorés aux diverses expositions où ont figuré nos produits, deux diplômes d'honneur que nous ont décernés les deux jurys des classes de produits pharmaceutiques et d'hygiène, *à l'Exposition des sciences appliquées à l'industrie* (Paris 1879), viennent donner une consécration aux états de service de l'Acide salicylique, au point de vue hygiénique et scientifique.

Nous nous bornons à exposer dans ce petit travail les applications de l'Acide salicylique, en nous réservant, dans une brochure spéciale, de parler de l'action physiologique de ce produit et de ses dérivés.

Nous terminons par un extrait du rapport du jury de la dernière exposition et nous pensons que l'appréciation des juges éminents qui nous ont fait l'honneur d'étudier nos produits sera de nature à dissiper les hésitations qui pourraient encore exister chez quelques-uns de nos contradicteurs.

A. SCHLUMBERGER.

Paris, janvier 1880.

Extrait des rapports du Jury à l'Exposition des Sciences appliquées à l'industrie.

(Voir le *Journal d'hygiène* du 4 décembre 1879.)

———

Les divers produits à base d'Acide salicylique de MM. Schlumberger et Cerckel avaient été inscrits dans la classe « Produits chimiques », en tant qu'ils se rapportaient à la conservation des substances alimentaires. Justement appréciés par nous tous, ils avaient reçu une médaille d'or, mais, dans le jury de groupe, cette récompense a été confondue avec le diplôme d'honneur décerné à cette très importante maison par la 2ᵐᵉ section de la classe 20.—Produits pharmaceutiques.

Signé : Le Président,

Dʳ DE PIETRA SANTA.

Rapporteurs : MM. LEJEUNE, Dʳ LUTEAU, Dʳ SERVAUX.

MM. Schlumberger et Cerckel exposaient une magnifique et complète collection de produits ; parmi les plus remarquables, nous citerons l'Acide salicylique, le Salicylate de soude, le Salicylate de fer, le Salicylate de bismuth, le Salicylate de zinc.

Ces trois derniers ont été obtenus récemment. L'Acide salicylique et les Salicylates se distinguent par leur grande pureté et par les services qu'ils rendent journellement tant à l'industrie que pour la conservation des substances alimentaires. Le Salicylate de fer est appelé à jouer un grand rôle dans la thérapeutique, à cause de sa supériorité sur les autres sels de fer, par cela même qu'il ne se précipite pas en présence des sels alcalins et des acides minéraux.

Le Salicylate de bismuth a sur le sous-nitrate de bismuth le triple avantage d'agir beaucoup plus vite, d'une façon plus certaine et à plus faible dose.

Pour copie conforme au rapport officiel,

Le rapporteur : F. TREHYOU.

L'ACIDE SALICYLIQUE

ET SES APPLICATIONS

A LA CONSERVATION DES BOISSONS ET DES ALIMENTS

CONSERVATION DE LA BIÈRE

Mode d'emploi — Résumé — Dosage

Le sujet dont il va être question est d'une importance telle, qu'il nécessite un développement relativement trop considérable pour les gens pratiques qui désirent aller droit au but, et c'est en considération de cela que nous n'hésitons pas à commencer par où généralement un travail de ce genre finit. Nous exposerons d'abord, en quelques lignes, un *Résumé-guide* de ce qui va être dit plus loin, afin que le brasseur puisse, du premier coup d'œil, saisir les points les plus saillants qui l'intéressent par le tracé d'un mode d'emploi succinct et général.

Après cet exposé, nous énumérerons, et les raisons pour lesquelles on recommande l'emploi de l'Acide salicylique, et le résultat des observations puisées un peu partout où de sérieuses expériences ont été faites par de véritables hommes du métier, à la fois savants et praticiens.

L'**Acide salicylique** permet de brasser en tous temps; il maintient la bière *toujours claire* et, lorsqu'il est employé à des doses raisonnées, il n'empêche en aucune façon la formation de la mousse qui est une condition obligatoire de la bonne qualité de cette boisson.

Il est naturel que plus une bière aura reçu de soins pendant sa fabrication moins elle aura besoin d'Acide salicylique pour se maintenir bonne pendant le voyage ou le débit, et l'on peut dire que le dosage de l'Acide salicylique doit être diminué ou augmenté suivant que la bière aura été brassée dans des conditions plus ou moins bonnes.

Le brasseur intelligent ne manquera certainement pas d'apprécier les services que peut lui rendre un agent qui lui permet de conserver dans de bonnes conditions la bière qui lui a coûté tant de soins pour sa préparation, quelque défavorable que soit la température de la cave où elle est débitée.

On peut considérer que, pour le courant, la dose de 5 gramm. par hectolitre est suffisante, et, dans tous les cas, on ne doit pas dépasser 10 grammes. Quelques bières d'excellente qualité se maintiennent bien avec 3 grammes; cette proportion ne doit guère être dépassée pour la bière destinée à être mise en bouteilles. Dans ce cas, il est bon de mouiller les bouchons dans de l'eau contenant en dissolution 2 gr. et demi d'Acide salicylique par litre.

Le peu de solubilité de l'Acide salicylique paraît à première vue être un obstacle à son emploi; en effet, l'eau froide n'en peut dissoudre plus de 2 gr. 1/2 à 3 gr. par litre.—L'eau chaude en dissout 10 fois plus, mais alors, par le refroidissement, l'Acide se dépose sous forme de bouillie cristalline. — L'alcool à 90° en dissout presque le quart de son poids, mais il a l'inconvénient de coûter trop cher. — La glycérine peut en dissoudre 12 gr.,1/2 par kilo. Il y a donc lieu de penser à ce véhicule, d'autant plus que beaucoup de brasseurs s'en servent pour donner un peu de corps et de douceur à la bière. Dans tous les cas, de quelque façon que l'on opère, il faut éviter de faire les dissolutions dans un vase en métal; le fer surtout doit être écarté parce qu'il colore en violet les moindres traces d'Acide salicylique.

Enfin, le moyen le plus simple pour obtenir la dissolution dans la bière, c'est de délayer (empâter) tout simplement l'Acide salicylique, comme si c'était de la farine, avec le double de son poids d'eau ou de bière, et d'ajouter ensuite cette pâte dans le tonneau en brassant vigoureusement. L'addition de l'Acide salicylique à la bière se fait généralement au sortir de la cave, au moment de l'expédition.

On peut l'employer aussi simultanément en chaudière et en cuve guilloire.

1° En chaudière pour subvenir à la défectuosité du malt. Employé à raison de 5 gr. par hectol. (de bière obtenue), après la réunion des trempes et un moment avant l'ébullition, il active la tranchée d'une façon surprenante et introduit dans la masse un élément qui arrête les germes des maladies futures. Il se fond assez vite dans la bière presque bouillante.

2° Lorsque la bière est rendue dans la cuve guilloire on ajoute encore 5 grammes par hectol. empâtés d'avance, soit avec un peu d'eau-de-vie, de glycérine ou de bière.

Ainsi traitée, la bière se clarifie très vite, après une fermentation régulière, elle a un goût de malt prononcé et supporte les soutirages.

L'addition de 5 grammes d'Acide salicylique suffit en hiver. En été, on ajoute généralement encore de 4 à 5 grammes à la bière au moment de la mise en tonnes pour l'expédition ou pour la mise en garde au magasin.

C'est assurément pour la conservation de cette boisson si répandue que l'Acide salicylique trouvera son placement le plus rationnel et le plus important. Il est à peine besoin de faire ressortir combien il est difficile de maintenir la bière dans de bonnes conditions de conservation. Cette boisson est une de celles qui exigent le plus de précautions pour rester non seulement potable, mais encore agréable au goût. Un rien la fait tourner ou la rend *plate*; en été surtout, ce n'est qu'à grand renfort de glace qu'on arrive à la maintenir en bon état : la glace ne sert pas seulement à lui donner de la fraîcheur, mais, surtout, à la mettre à l'abri de ces fermentations secondaires et tertiaires qui font que, en quelques heures seulement, elle peut perdre sa limpidité et son goût. La nature de la bière en général repose sur la fermentation ; et les connaisseurs ne savent que trop combien est grande la puissance de ces ferments multiples qui détruisent, souvent en peu d'heures, ce qu'ils ont mis des semaines à produire. On peut dire que la bière naît et meurt dans les ferments et que le prolongement de son existence ne dépend que des circonstances qui annihilent l'action des ferments secondaires; ceux-ci, à leur tour, engendrent les ferments tertiaires, contre lesquels il n'y a plus de remède. Les brasseurs et les savants n'ont cessé d'être préoccupés de cette grave question de préservation, et si des efforts constants les ont amenés au perfectionnement de la fabrication, le problème de la conservation restait encore à résoudre. La force des choses a nécessairement fait penser à l'adjonction d'antiseptiques; mais il n'était pas aisé d'en trouver parmi ceux qui étaient à la portée de la pratique, réunissant à la fois les qualités d'efficacité, d'innocuité, d'absence de goût, et de bon marché. L'Acide sulfureux, combiné à la chaux dans le bisulfite de chaux, était celui qui approchait le plus de ce desideratum : son bon marché et son efficacité faisaient presque oublier les inconvénients de son goût et de son odeur fâcheuse; l'on s'en contentait, faute de mieux, et nul doute qu'aujourd'hui l'emploi de cet agent eût pris une extension considérable, si l'Acide salicylique n'avait fait son apparition.

En effet, après ce qui vient d'être dit dans la préface de ce travail au sujet de ce nouveau produit, que l'Acide salicylique réunit, à lui seul, les conditions énumérées pour l'antiseptique pratique. *Son action véritablement puissante en présence des ferments est indiscutable ;* son prix élevé en apparence ne l'est guère en réalité, si l'on tient compte des doses infinitésimales employées. Lorsqu'un antiseptique agit sur des infiniment petits comme le sont les ferments, il n'est pas nécessaire de mettre en ligne des masses volumineuses pour les combattre : il suffit de leur opposer un ennemi qui leur soit supérieur et agisse lui-même comme un infiniment petit. Pour employer une comparaison familière, l'Acide salicylique est aux ferments ce que le pot de fer est au pot de terre ; ceux-ci ne peuvent lutter contre celui-là.

Avant la découverte de Kolbe, les brasseurs et surtout le public ne se doutaient pas de l'existence de cet agent antiseptique, qui n'était guère qu'un objet de curiosité dans les laboratoires de chimie. Le nom, en apparence bizarre, du latin « Salix » saule et du grec « ὑλη » base, qu'il portait depuis que Piria le découvrit en 1834 dans l'écorce du saule, ne semblait même pas favorable à son entrée dans l'industrie. Les uns s'effrayaient de la difficulté de prononcer ce nom gréco-latin : il n'est pas jusqu'à cette dénomination *acide* qui n'arrêtât le vulgaire, habitué à confondre ce mot avec *vitriol*; car beaucoup de personnes ignorent que, dans les usages industriels et même domestiques, on se trouve constamment en présence de corps qui doivent porter la qualification d'acide. Vulgairement parlant, l'expression « *acide* » indique un corps qui corrode, qui brûle ; tout le monde ne se rend pas encore compte qu'il y a acide et acide, comme il y a *vitriol* et *vinaigre* : l'un est un corrosif des plus dangereux, l'autre sert de condiment à table. A ceux qui me demandaient pourquoi le « *Salicylique* » porte le nom d'acide, au lieu de s'appeler d'un nom fantaisiste, tel que *préservatine* ou *sel conservateur*, inventés par des contrefacteurs ou des imitateurs empiriques, je ne pouvais répondre qu'une chose : Un composé chimique doit porter un nom chimique. Ajoutons que si le nom du corps qui nous occupe a paru dans le principe difficile à retenir, la difficulté n'existe plus ; et je crois pouvoir affirmer que le public s'est aujourd'hui familiarisé avec cette expression. L'Acide salicylique a fait son entrée dans le monde, ses critiques et ses partisans ont également appris à le connaître : je demande seulement la permission de résumer dans les lignes qui vont suivre les nombreux travaux, entrepris depuis quatre ans, en Allemagne, en Angleterre, en France et en Belgique, pour en présenter une analyse aussi complète que possible.

Je me suis écarté du sujet que je voulais traiter en premier lieu, c'est-à-dire : la bière, et j'y reviens par le tracé des premières expériences faites en Allemagne et en Belgique.

Les travaux de Kolbe et de Von Meyer affirment la puissance de l'Acide salicylique sur les ferments par des démonstrations telles que l'on a dû, à la suite d'essais entrepris en brasserie, se rendre bientôt à l'évidence et comprendre que l'on avait en mains l'élément le plus efficace pour combattre le développement des mycodermes et des bactéries, qui sont à la bière ce que la peste est à l'humanité. Étant donné et prouvé que l'Acide salicylique est l'ennemi mortel par excellence de tous les ferments, on a dû naturellement penser que cet agent préserverait la bière de tous les accidents que provoquent les fermentations secondaires et tertiaires, qui non seulement déprécient cette boisson, mais souvent la rendent impropre à la consommation.

Le point le plus délicat auquel il fallut s'attacher était de connaître les quantités qui suffisent à empêcher ces fermentations secondaires sans nuire à cette espèce de fermentation naturelle, si nécessaire à la bière, sans laquelle cette boisson perd de ses qualités, en restant plate et incapable de se présenter dans le verre avec une belle cravate blanche. — Du *faro* et du *lambic* auxquels j'avais ajouté 1/4 et 1/2 gramme d'Acide salicylique par litre, le 14 avril 1876, se sont conservés intacts dans des bouteilles *débouchées* pendant tout le cours de l'été, dans ma vitrine à l'Exposition d'hygiène (Bruxelles, 1876). La quantité de 1/4 de gramme que j'avais employée est naturellement exagérée au point de vue pratique ; mais, quand on songe aux conditions défavorables dans lesquelles je me suis mis, avec intention, pour démontrer l'expérience en plein été et par des températures qui ont atteint jusqu'à 35°, je ne pense pas qu'on taxera cet essai d'utopie.

En général pour conserver la bière en cave, ces quantités se réduisent à des doses presque homéopathiques, c'est-à-dire que 8 à 10 grammes suffisent généralement pour empêcher un hectolitre de se gâter. L'action de l'Acide salicylique est nettement indiquée dans un article du *Moniteur scientifique* du docteur Quesneville qui l'a résumé en un tableau très clair (octobre 1876).

Bière brune.

Il a été reconnu que du faro ou de la bière brune, qui commencent à tourner et à prendre, comme on dit en brasserie, le nom de bière « à double face, » ont été complètement ramenés à leur état naturel par une addition de 10 à 15 grammes par hectolitre. C'est pour la bière brune qu'il est si difficile de maintenir claire, surtout en été, que l'efficacité de l'Acide salicylique se fait le mieux apprécier.

Du reste, à la suite des résultats heureux obtenus depuis quatre ans par des brasseurs qui ont fait usage de l'Acide salicylique, aussi bien en hiver que pendant la saison d'été, nous avons eu l'occasion de nous procurer des renseignements très instructifs, comme on le verra par les faits qui suivent et qui ont leur importance.

Expériences en brasserie.

1° Une bière, contenant 13,6 0/0 Balling de richesse extractive, a été traitée par 3 gr. 30 d'Acide salicylique par hectolitre et abandonnée dans une cuve à fermentation, de la capacité de 30 hectolitres, à la température de 7 1/2° centigrades; elle a opéré sa fermentation jusqu'à 4,4 0/0; tandis que la même bière, abandonnée dans les mêmes conditions, mais sans Acide salicylique, n'accusait plus après la fermentation que 4 0/0 Balling.

2° Après cela, on ajouta au premier essai 2 gr. 25 d'Acide salicylique par hectolitre en même temps que la levure d'extrait; puis on rafraîchit jusqu'à 5° centigr. Dans cet essai, on vit la bière entrer en fermentation (Kraüsen) 24 heures plus tard que dans l'autre brassée où on n'avait pas fait d'addition salicylique. La fermentation se passa très tranquillement; et, tant que l'on

---

On a fait au mois de janvier 1875, les essais suivants :

N° 1.	1 hectolitre bière allemande sans Acide salicylique.					
2.	1	—	—	avec 2s,50	—	—
3.	1	—	—	5	—	—
4.	1	—	—	10	—	—
5.	1	—	—	20	—	—
6.	1	—	—	40	—	—

« N° 1. la bière essayée six mois après (en août) était complètement acide.

« N° 2. Au bout de six mois, un peu acide; mais au bout d'un an, complètement gâtée.

« N° 3. Le bon goût était resté, même après un an.

« N° 4. Bon goût après six mois; claire et mousseuse encore après un an.

« N° 5. Bonne et mousseuse après six mois, et remplissait la bouche; au bout d'un an également.

« N° 6. Même état excellent, de bon goût et mousseuse.

« Les limites entre lesquelles les additions d'Acide salicylique pourraient être employées avec avantage seraient donc comprises, suivant la nature des bières entre 5 et 20 grammes par hectolitre. »

eut recours à un réfrigérant de glace, la température de la cave ne s'éleva pas à plus de 6° 1/2 centigrades, la bière se clarifia plus vite, et la poussée de levure offrit un produit d'une belle teinte claire et d'une odeur agréable.

3° Dans un autre essai, on n'employa qu'un demi-litre de levure avec addition de 1 gr. d'Acide salicylique par hectolitre; dès le second jour, après l'apparition des premiers symptômes de fermentation, il fut ajouté encore 2 gr. d'Acide salicylique par hectolitre. La fermentation se passa très bien ; mais, vers la fin, grâce à une petite élévation de la température ambiante, la bière en subit l'influence et monta jusqu'à 7° 1/2 centigr.; on introduisit alors un flotteur de glace qui modéra immédiatement le mouvement de la bière. Un échantillon, prélevé dans une éprouvette, vers le neuvième jour, se clarifia rapidement et déposa une levure remarquable par sa blancheur. On soutira le douzième jour; la levure était parfaitement bien déposée et se présenta avec une belle couleur et une odeur agréable ; la bière pesait 5 0/0 Balling.

4° Les expériences pratiques qui ont été faites, d'une manière continue sur l'action de l'Acide salicylique, et sur la levure de bière ont indiqué que les proportions suivantes peuvent servir de base :

A. par fermentation haute: 4 gr. Acide salicylique pour 50 kil. de malt.
B. par fermentation basse: 5 gr. Acide salicylique pour   —   —

lorsque la température est maintenue au-dessous de 7° 1/2 centigr. Cette proportion devra être portée à 6 gr. lorsque cette température est dépassée. L'Acide salicylique qu'on emploie dans ce cas doit être saupoudré sec (tel qu'on le trouve dans le commerce) sur la levure ; puis on délaye cette masse avec un peu de bière jeune, pour ensuite l'ajouter à la cuve de fermentation. Il serait imprudent de laver la levure avec une solution d'Acide salicylique, car, dans ce cas, on annulerait l'action de la levure.

5° Nous appelons aussi l'attention sur la méthode suivante, reconnue excellente dans la pratique :

Par hectolitre, fermentation haute : 1ᵍ,50 Acide salicylique.
    —   —   basse : 3ᵍ,50   —

Ajouter l'Acide dans ces proportions à la bière encore chaude, au moment de la couler sur les refroidissoirs.

Levure.

On obtient, par l'une ou l'autre de ces méthodes, toujours une levure claire, se déposant facilement, et dégagée de tous ces parasites, bactéries ou ferments lactiques, qui déprécient si souvent la levure : c'est là un point très important pour le débit de cette substance qui joue un rôle si sérieux dans la panification ; et il est à notre connaissance que les brasseurs qui suivent ces indications se payent des frais entraînés par l'emploi de l'Acide salicylique par la plus-value de la levure qu'ils obtiennent.

Malt.

En somme, l'expérience a démontré que les dépenses apparentes de l'Acide salicylique intelligemment employé sont largement couvertes par la supériorité des produits obtenus en brasserie, au point de vue de la conservation ; et l'on peut considérer que l'acide salicylique rend à la brasserie le service équivalent d'une prime d'assurance, sans compter les autres services qu'il peut rendre, soit pour corriger les eaux, soit pour rincer les tonneaux, soit encore pour corriger le malt qui ne serait plus dans de bonnes conditions de vente. En résumé, on emploie 5 grammes par hectolitre à la trempe, ou bien 2 grammes par hectolitre d'eau, fermentation haute, et 3 à 4 grammes par hectolitre d'eau, fermentation basse.

Ces proportions sont suffisantes pour tous les genres de ferments nuisibles qui peuvent se présenter dans le malt, par suite de l'emploi de certaines eaux chargées de matières organiques. Il va de soi que la bière fabriquée suivant l'une de ces méthodes demandera des proportions d'Acide salicylique moindres, alors qu'on voudra en ajouter pour la conserver.

Ainsi, soit pour la fabrication, soit pour la conservation, la première objection qu'ont à faire les brasseurs est la question du prix ; la seconde, la difficulté apparente que l'on éprouve à dissoudre l'Acide.

Il est évident qu'à première vue le budget du brasseur paraît un peu grevé ; mais les expériences, pratiquées sur une très grande échelle, ont démontré que la dépense de 10 gr. par hectolitre ne représente que 25 centimes au maximum et qu'elle constitue en réalité un bénéfice, puisque la bière est nécessairement préservée de toutes les maladies qui la menaceraient sans cela, et qu'en outre on peut, en mettant en perce un tonneau de bière salicylée, la tirer au robinet et boire la dernière bouteille aussi saine et aussi claire que la première.

Les brasseurs ne savent que trop bien ce que leur coûtent les tonneaux qu'ils sont obligés de reprendre à leurs clients pour les remettre en état par des additions de sucre et de bières fortes.

RAPPORT DU DOCTEUR SOUTHBY, A LONDRES

Après avoir relaté les travaux qui ont été pour la plupart mis en évidence en Allemagne et en Belgique, il nous reste à dire ce qui se fait en Angleterre, où la question de la bière n'est certes pas une des moins importantes, car il est de la connaissance de tout le monde que l'Angleterre fabrique et exporte des quantités de bière vraiment énormes.

Le *pale ale*, qui a la réputation d'être entre toutes les bières celle qui a le plus de corps et la plus grande force alcoolique, n'est cependant pas à l'abri de tout risque lorsqu'il doit, pour mériter son nom de « East India Pale ale », faire le long voyage que l'on sait, pour être livré à la consommation du Cap, de l'Inde, de l'Australie et de l'Amérique du Sud. Ce n'est qu'à force de houblon et de degrés alcooliques qu'on arrivait à lui faire traverser la ligne.

Aujourd'hui, grâce à l'Acide salicylique, les brasseurs anglais ne craignent plus tous les mécomptes qu'ils avaient avec leurs bières d'exportation ; et la consommation qu'ils font depuis quatre ans de ce précieux antiseptique démontre clairement tous les avantages qu'ils en retirent.

Le travail que je me suis imposé ayant pour but de mettre en évidence les résultats obtenus par les savants et les praticiens qui se sont surtout occupés du sujet, je me fais un devoir de citer ici, presque textuellement, ce qu'a écrit pour la « *Country Brewers Gazett* », l'éminent professeur E.-R. Southby, de Londres :

« Ayant été depuis quelques mois chargé de faire une série d'expériences pour déterminer l'action relative et absolue de l'Acide salicylique et d'autres antiseptiques sur divers ferments, je viens aujourd'hui soumettre aux nombreux lecteurs de la « *Country Brewers Gazett* » le résultat de mes recherches sur les applications de l'Acide salicylique en brasserie.

« Le but principal de mes recherches était d'obtenir des données pratiques, capables d'aider les brasseurs dans l'emploi des antiseptiques, tout en essayant de faire ressortir le côté scientifique de la question.

« L'effet produit par les antiseptiques sur les différents ferments a jusqu'à présent été considéré d'une façon très générale, et l'on ne faisait pas assez de distinction entre les rapports qui existent entre les antiseptiques différents et les ferments distincts, c'est-à-dire que l'on admettait en principe que, si une solution d'un antiseptique d'une puissance déterminée arrêtait l'action d'*un* ferment, il devait arrêter dans les mêmes circonstances l'action de ferments d'une toute autre nature.

« Pour ce qui est des deux grandes familles de ferments, connues sous le nom de *ferments organisés* et *ferments solubles* ou *inorganisés*, il a été démontré que des antiseptiques de nature différente n'agissent pas également sur les uns comme sur les autres. Les antiseptiques qui agissent énergiquement sur les premiers n'ont pas toujours, tant s'en faut, une action sur les seconds; il arrive même souvent qu'ils n'en ont aucune. Les preuves de ce que j'avance me sont amplement démontrées par les expériences comparatives entre l'Acide salicylique et l'acide sulfureux. L'étude approfondie du choix qu'il y a à faire entre les antiseptiques est absolument nécessaire pour comprendre la valeur que l'on doit attribuer à ceux que l'on est appelé à employer en brasserie, ou dans d'autres industries où l'on a à combattre l'action souvent si préjudiciable des ferments; dans ce cas comme dans bien d'autres, il nous paraît que l'appréciation exacte de faits qui, à première vue, ne semblent avoir qu'une importance relative au point de vue scientifique est au contraire de la plus grande utilité lorsqu'il s'agit de conduire des opérations industrielles.

« Je vais donc, à la suite de ces remarques préliminaires, aborder le sujet principal dans tous ses détails, et je tâcherai de terminer par des conclusions pratiques desquelles ressortiront, je l'espère, des indications utiles.

« Lorsqu'on prend par exemple du pale ale, contenant comme on sait presque toujours des cellules de levure, des cellules ou leur germe, des ferments lactiques et souvent encore du ferment acétique, et qu'on en remplit un certain nombre de bouteilles sans aucune addition; qu'à d'autres, placées dans les mêmes conditions, on ajoute aux unes des quantités très faibles d'Acide salicylique et aux autres de l'acide sulfureux : on trouve, en les examinant après quelques semaines de bouchage, qu'il y a toujours développement d'acide carbonique. Cette production de gaz carbonique s'est faite naturellement, en raison directe de l'accroissement des cellules de levure, et l'on peut en conclure alors que la proportion d'antiseptique n'était pas suffisante pour suspendre ou détruire la vitalité du ferment alcoolique. Un examen microscopique du dépôt qui se forme alors dans la bière en démontrera clairement la preuve.

« Examinons maintenant quelle a été l'action de l'antiseptique sur les ferments acides, et nous trouverons, en titrant la proportion d'acide existant, qu'il n'y a eu qu'une augmentation insignifiante du principe acide là où l'on s'est servi d'un antiseptique, tandis que, dans les bouteilles non additionnées d'antiseptique, il sera aisé de reconnaître que la proportion d'acide est considérablement augmentée, quelquefois même doublée. L'examen microscopique en donnera également la preuve.

« *Pale ale écossais.* — Acidité primitive, 0,07 pour 100 ; mis en bouteilles le 4 juin ; une partie, marquée A, sans antiseptique ; l'autre, marquée B, additionnée de 0 gr. 0072 d'Acide salicylique par bouteille. On a placé ces bouteilles dans des chambres, à la température de 21º à 27º ; et, après examen, le 12 juillet, on a constaté que A possédait une acidité de 0,13 0/0, tandis que B n'avait que 0,08 0/0. Toutes deux avaient dégagé beaucoup d'acide carbonique. L'essai B était décidément plus clair, plus brillant et de meilleur goût que l'essai A, qui n'était plus en bon état.

« *Pale ale ordinaire.* — Mise en bouteilles le 17 juillet, cette bière était claire, d'un goût piquant et contenait 0,17 0/0 d'acidité.

« Les bouteilles, sans aucune addition, furent marquées A. On marqua B les bouteilles additionnées de 0 gr. 583 de bisulfite de chaux ; et C, les bouteilles additionnées de 0 gr. 129 d'Acide salicylique. Ces bouteilles furent, comme les précédentes, exposées dans une chambre maintenue à une température variant entre 21º et 27º. Après un examen, le 6 août, on trouva que :

A	possédait une acidité de	0,36 0/0	
B	—	—	0,25
C	—	—	0,23

« Il y avait, dans toutes les bouteilles, grand développement d'acide carbonique.

« A était assez claire, mais tout à fait impotable à cause de son acidité excessive : B était lourde, mais son acidité ne s'était accrue que de 0,08 0/0 ; C'était claire, et la quantité d'acide ne s'était augmentée que de 0,06 0/0.

« Cette expérience prouve que l'Acide salicylique, de même que l'acide sulfureux, en agissant comme antiseptique, a arrêté les progrès de l'acétification dans des bières qui sont très sujettes à cet inconvénient et n'a pas empêché le développement d'acide carbonique.

« Une autre série d'expériences vient appuyer ce que j'ai

avancé à ce sujet, et il s'agissait de comparer l'action de l'acide salicylique avec l'action du bisulfite de chaux, qui agit dans ces cas comme l'acide sulfureux. Les bouteilles employées pour ces essais étaient de la capacité de 78 centilitres ou 1/6 de gallon.

Expérience intéressante.

« Une autre bière commune fut mise en bouteilles le 17 juillet : elle était trouble, d'un mauvais goût, et accusait 0,12 0/0 d'acidité. Comme plus haut, on prit :

    A : sans addition d'antiseptique ;
    B : avec 0g,583 de bisulfite de chaux ;
    C : avec 0g,129 d'Acide salicylique.

« On mit ces bouteilles dans une chambre, la température variant entre 21° et 27° ; en les examinant, le 8 août,

A :	Acidité	0,17 0/0	)	dans les trois cas, très grand
B :	—	0,13	}	développement d'acide carbo-
C :	—	0,13	)	nique.

« A. La bière était en mauvais état, trouble, acide et impotable.

« B. La bière était très épaisse, d'un mauvais goût et d'une odeur nauséabonde provenant de la décomposition du bisulfite.

« C. La bière était brillante, en bon état et de bon goût ; le mauvais goût primitif avait presque entièrement disparu.

« Cette limpidité, acquise, même avec des bières en mauvais état, au moyen de l'Acide salicylique, est très remarquable et caractéristique, et l'on peut dire, au point de vue pratique, que cette action de l'Acide salicylique est des plus curieuses et qu'elle met *hors de doute la supériorité de ce antiseptique sur l'acide sulfureux.*

« Je crois pouvoir conclure de ces expériences que j'ai eu raison d'avancer que, à forces égales, une solution d'Acide salicylique exerce une action bien plus puissante sur certains ferments que sur d'autres. *Un fait heureux à remar-*

quer, c'est que, dans des solutions très étendues, ces anti-septiques n'exercent presque aucune action sur la levure, tandis qu'ils arrêtent la vitalité des ferments zimotiques, au moins pour un temps considérable.

« Je vais examiner maintenant l'action des antiseptiques quand on les emploie dans les premières opérations du brassage, soit avant, soit pendant la première fermentation. Dans ce cas aussi, la valeur des antiseptiques dépend de leur action différente sur tel ou tel ferment. En pratique, nous pouvons nous borner à attirer notre attention sur l'acide sulfureux ou l'Acide salicylique et leurs combinaisons. L'acide sulfureux a, jusqu'à présent, été employé avec succès par les brasseurs, non seulement pour toutes les bières faites, mais surtout encore pour corriger l'eau et en l'employant dans la cuve-matière, dans la chaudière et dans les cuves à fermentation. Au commencement, c'est-à-dire avant l'addition de la levure, les antiseptiques détruisent les germes des ferments et permettent aux brasseurs d'obtenir du moût sans aucun autre germe de maladie ; et, dans ces conditions, si l'on emploie une levure pure et sans aucun autre germe de décomposition, il devient évident que l'on doit obtenir alors une bière parfaite. Mais, le plus souvent, il arrive que la levure contient plus ou moins de ferments secondaires ou de germes qui les provoquent rapidement, et c'est pour cette raison surtout qu'il convient de combattre l'effet nuisible de ces prédispositions à une fermentation de mauvaise nature, par l'emploi et surtout le choix d'un antiseptique capable d'enrayer le mal sans atteindre l'action efficace de la levure. »

Il est démontré dans la pratique que, lorsqu'on travaille avec de l'eau pure et des matières premières de choix, il n'y a pas grand avantage à se servir d'antiseptique dans la première période de la fabrication, c'est-à-dire avant que la bière ait commencé sa première fermentation ; au contraire, les avantages de l'addition d'une substance antiseptique capable d'arrêter la formation de ferments nuisibles sont à prendre en très sérieuse considération lorsque le brasseur se trouve en présence d'une eau impure, chargée de matières organiques, et qu'en outre il ne dispose pas de matières premières de premier choix. Il faut alors avoir recours à l'Acide salicylique que l'on ajoute à très faible dose soit à l'eau du brassin, soit au moût en chaudière. Quand on fait usage de l'Acide salicylique dans les premières opérations, il ne faut pas perdre de vue que l'antiseptique est loin d'être épuisé avant que le moût arrive dans la cuve à fermentation ; ainsi donc une grande partie de la substance antiseptique passe avec le moût dans la cuve-ferment ; on doit prendre soin de ne pas en employer une dose aussi forte que celle qu'on ajouterait au moût au commencement de la fermentation, car, dans ce cas, une partie de l'antiseptique détruirait non seulement les ferments secondaires, mais encore ceux qui sont nécessaires à la production de l'alcool.

« On sait généralement que 750 c. c. (3/4 de litre) de solution de bisulfite de chaux du commerce suffisent à préserver 1,000 litres de bière. Quant à l'Acide salicylique, son application récente a nécessité naturellement des recherches minutieuses pour établir des dosages convenables dans ses différents emplois en brasserie, et j'ai déjà soumis ici les résultats des nombreux essais entrepris, dans ce but, par Kolbe et Von Mayer. D'ailleurs, de leurs expériences et de celles de Neubauer, on peut tirer les conclusions suivantes :

« 1° On ne doit pas dépasser la quantité maximum de 10 à 12 grammes d'Acide salicylique par hectolitre ; cette dose convient même pour des moûts en fermentation non houblonnés.

« 2° La période de la première fermentation dans toute son activité est celle qui convient le mieux pour que l'addition de l'Acide salicylique rende ses meilleurs effets.

« 3° On a généralement besoin d'une dose de levure un peu plus forte lorsqu'on emploie l'Acide salicylique dans la première période de la fabrication de la bière, et surtout avant le commencement de la fermentation.

« Je dois encore remarquer qu'il faut user de plus de prudence lorsque, contrairement à l'usage général, on emploie moins de 600 grammes de levure par hectolitre de bière. On doit aussi ne pas perdre de vue que toutes ces expériences ont été faites sur des moûts non houblonnés. Le houblon, en vertu de son action propre, agit un peu comme un antiseptique, et il est connu qu'un moût additionné de houblon ne fermente pas bien lorsqu'on ajoute plus de 8 gr. 50 d'Acide salicylique par hectolitre : je recommande comme la meilleure proportion celle de 4 gr. 50 par hectolitre qui est employée avec beaucoup de succès par un grand nombre de brasseurs anglais.

« En somme, il paraît évident que l'Acide salicylique sera d'un secours puissant pour beaucoup de brasseurs, car on ne peut nier que les bières ainsi salicylées se distinguent par leur limpidité et leur brillant, *et l'on peut affirmer que, si le bisulfite a déjà rendu de grands services dans ce sens, l'Acide salicylique est appelé à en rendre de bien plus grands encore.*

« Après avoir fait ressortir quelles sont les proportions d'acide salicylique les plus recommandables pour une quantité de bière, je vais décrire d'autres expériences intéressantes pour les brasseurs.

« Deux barils de *pale ale* et deux de *milde ale*, provenant d'une des plus grandes brasseries de Burton et ne contenant aucun antiseptique, ont été placés, les premiers, dans un local où se trouve une chaudière à vapeur, et par conséquent dans une atmosphère dont la température ressemble assez à celle du climat des tropiques ; les seconds, dans une cave tempérée représentant à peu près la température d'un été ordinaire en Angleterre. Le 22 août 1877, il fut ajouté à l'un des deux barils de pale ale et à l'un des barils de milde ale, la quantité de 7 gr. 14 d'Acide salicylique pour 81 litres, soit 8 gr. 80 par hectolitre, les deux autres fûts restant intacts, sans addition. L'acidité, déterminée le même jour, était pour les quatre barils de 0,08 0/0 d'acide acétique.

« Ces bières furent goûtées de temps en temps pendant les deux mois qui suivirent, du 22 août au 24 octobre, et à la fin de l'expérience, les résultats obtenus furent les suivants :

« Les bières auxquelles on n'avait pas fait d'addition allaient chaque jour aigrissant davantage, tandis que celles qui renfermaient de l'Acide salicylique se sont conservées intactes jusqu'au dernier jour de l'expérience ; et cela, en dépit de la température excessive à laquelle elles étaient exposées. La moyenne de ces températures fut, en effet, pour le pale ale, en août, 30° ; en septembre et en octobre, 27° ; pour le milde ale, en août, 21° ; en septembre et en octobre, 18°.

« Au 24 octobre, le pale ale, sans addition, était tourné à l'aigre et complètement impotable, son degré d'acidité était de 0,18 0/0. Le pale ale additionné d'Acide salicylique était resté en bon état, et son degré d'acidité n'était que de 0,12 0/0. Il y a donc eu d'un côté augmentation de 0,10 0/0, et de l'autre côté seulement de 0,04 0/0 d'acide. Le milde ale, sans addition, était également devenu impropre à la consommation ; son acidité allait jusqu'à 0,16 0/0 ; tandis que le milde ale additionné d'Acide salicylique, parfaitement conservé, n'accusait que 0,10 0/0 d'acidité. Ce résultat pour le mild ale correspond avec les résultats obtenus pour le pale ale, si l'on considère que le premier a été maintenu dans une température plus fraîche que le second. »

Ces expériences ont un intérêt considérable pour les brasseurs qui font le commerce d'exportation dans les pays chauds, parce qu'elles démontrent que l'Acide salicylique, ajouté en quantités même très petites, préserve mieux la bière que l'excès du houblon que l'on était habitué à employer dans la plupart des grandes brasseries de Burton.

« En examinant au microscope les fonds de bières, on trouve la figure 1 ou 2, suivant que la bière n'était pas ou était salicylée.

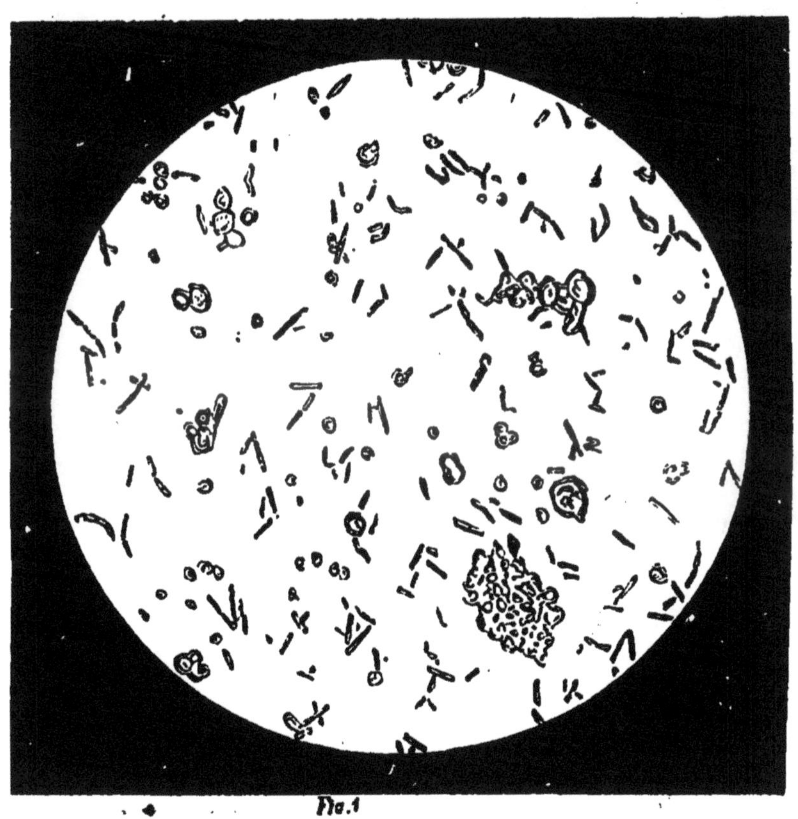

« La figure 1 représente la bière non salicylée, dans laquelle on voit grouiller une infinité de vibrions lactiques, qui ont contribué rapidement à rendre la bière impotable.

« La figure 2 montre que la bière dans laquelle on avait fait
une addition d'Acide salicylique est restée en bon état, puisque
les cellules de levure se perçoivent encore pour ainsi dire sans
altération.

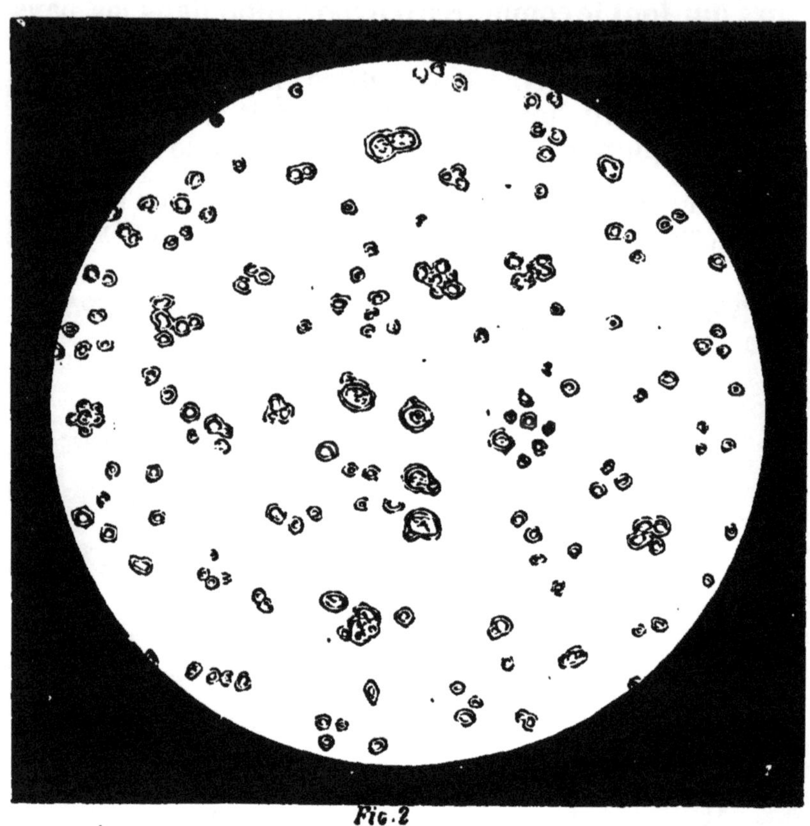

Fig. 2

« En général, il est très-important lorsqu'on fait usage de
l'Acide salicylique, *de ne pas en employer un excès, et il ne faut pas
perdre de vue que la quantité d'Acide doit varier avec la nature des
différentes bières.*

Doses.

« Des brassins, faits pour des qualités inférieures, peuvent nécessiter jusqu'au double de l'Acide salicylique nécessaire pour
une bière plus forte et fabriquée dans de meilleures conditions.
Ces proportions peuvent varier de 4, 5 à 10 gr. par hectolitre, et
lorsqu'on prévoit que l'on devra employer les doses maxima, il

est bon de faire l'addition de l'Acide en deux reprises; d'abord 4 à 5 gr. par hectolitre dans la chaudière, en brassant; ensuite une quantité pareille, avant la mise en barils. »

Bières troubles.

L'Acide salicylique rend encore de très grands services pour ramener des bières troubles ou déjà un peu tournées; mais, dans ce cas, la proportion doit être portée au moins à 10 gr. par hectolitre.

En résumé, l'on peut affirmer que l'une des propriétés les plus remarquables de l'Acide salicylique est celle qu'il possède de détruire, même à doses infiniment petites, tous les germes de ferments lactiques, et que pas un des antiseptiques déjà connus ne peut lui être comparé. Ces qualités précieuses doivent, sans contredit, placer l'Acide salicylique à la tête de la série des antiseptiques à recommander en brasserie.

Il ne faut pas perdre de vue non plus qu'une des conditions les plus essentielles pour la réussite, c'est l'emploi d'un produit absolument pur, dégagé de toute odeur d'acide phénique, et dont la fabrication très soignée garantit en outre de l'absence de toute trace d'acide paraoxybenzoïque qui accompagne souvent son isomère, lorsque les opérations n'ont pas été bien conduites. Souvent aussi l'acide salicylique renferme des quantités notables de sels de chaux (sulfate) que des lavages imparfaits n'ont pu suffisamment éliminer.

A cet exposé si intéressant du docteur Southby, il convient encore d'ajouter l'opinion émise par ce savant Anglais, au point de vue de l'action physiologique de l'Acide salicylique employé en brasserie.

Southby s'exprime à ce sujet dans les termes suivants :

Innocuité de l'Acide salicylique.

« Afin de prouver l'innocuité absolue de l'Acide salicylique sur l'économie, j'ai absorbé pendant une semaine de la bière salicylée, de façon à prendre de 5 à 10 grains (de 0 gr. 25 à 0 gr. 50) d'Acide salicylique, par jour, représentant à peu près de 1 à 1/2 gallon de bière salicylée à des doses normales, et je déclare n'avoir jamais éprouvé le moindre malaise, à la suite de cette absorption (1). Ces résultats sont confirmés par l'expérience de nombreuses autorités médicales bien connues qui ont employé l'Acide salicylique le dans traitement du rhumatisme et d'autres maladies, qui l'ont administré aux doses de 15 grains, renouvelées d'heure en heure, sans qu'il y ait eu le moindre accident.

« On peut établir comme un fait indiscutable, que l'Acide salicylique est absolument sans effet nuisible sur le système humain, et qu'il n'exerce pas la moindre action physiologique, quand il est absorbé à des doses infinitésimales, telles que celles où il se trouve dans le vin, la bière, ou les aliments qu'il sert à conserver. Bien au contraire, il paraît démontré aujourd'hui que les personnes sujettes aux affections rhumatismales ou goutteuses se ressentent d'une manière bienfaisante de l'absorption de boissons préservées par l'Acide salicylique. Cet agent, dissolvant par excellence de tous les dépôts uro-calcaires qui engorgent les articulations lorsque des maladies douloureuses se font sentir, paraît corriger les tendances aux affections rhumatismales et goutteuses des personnes qui sont sujettes à ces infirmités. On

---

(1) Kolbe avait bien, lui et ses élèves, absorbé jusqu'à 2 gr. par jour, pendant des semaines. Dans son rapport à l'Académie de Berlin, rapport qui a été rappelé depuis par le professeur Blas de Louvain à l'Académie de médecine de Bruxelles, il est dit que le professeur Kolbe a fait, pendant deux ans, un usage non interrompu de bière et de vin contenant respectivement 10 et 20 centigrammes par litre. De plus, pendant 9 mois, il a absorbé journellement un minimum de un gramme d'acide salicylique dissous dans de la bière, dans du vin ou dans de l'eau, et que, loin d'avoir constaté la moindre atteinte à sa santé, il s'est, au contraire, débarrassé d'une affection *calculeuse* des reins et a pu ainsi se passer d'une cure a Carlsbad qui lui avait été ordonnée.

Le professeur Blas dans son rapport dit entre autres : que, sur les nombreux échantillons de bière qu'il a été chargé d'analyser, les 2/5 étaient salicylés, il ajoute encore : « Pour ce qui me concerne, la bière salicylée à « 8 grammes par hectolitre (bière d'orge) est la seule dont je fasse usage « durant l'été ; je trouve que cette bière est meilleure et qu'elle se conserve « mieux. Il n'y a pas à craindre que le brasseur emploie une proportion « d'acide dépassant les moyennes indiquées, parce que la bière laisserait « un arrière-goût et que le prix en serait augmenté. »

(*M. Blas, professeur ordinaire à l'université de Louvain. Extrait du rapport de l'Académie royale de médecine de Belgique, T. XII. 3ᵉ série, n° 9.*)

Le professeur Germain Sée a fait la même expérience avec ses internes et leur a fait absorber impunément 4 gram. salicylate par jour pendant plusieurs semaines.

(*Rapport à l'Académie de médecine de Paris, juin 1877.*)

peut presque dire que l'usage de la bière salicylée exerce une action quasi préventive antiarthritique (1). »

Je ne veux pas terminer ce chapitre sans chercher à démontrer combien sont puériles les craintes exprimées par beaucoup de personnes, la plupart animées sans doute d'un louable sentiment de prudence, au sujet de l'action de l'Acide salicylique sur l'économie humaine. En effet, l'Acide salicylique n'a jusqu'à ce jour fait éprouver *aucun inconvénient aux millions de personnes qui, depuis quatre ans, ont déjà absorbé des boissons ou des aliments salicylés.* Cette affirmation peut être considérée comme sérieuse, mais elle ne me suffit pas pas pour éclairer la religion des esprits mal disposés à l'égard de ce nouvel agent. Les *antisalicyleurs* (que l'on me pardonne cette expression !) disent que c'est une drogue chimique dont on doit se garder, parce que, en thèse générale, on doit proscrire l'emploi des *drogues*. Evidemment, on a raison de ne pas *droguer* les substances indispensables à l'alimentation; mais ce qu'il importe de définir, c'est ce qu'on entend par cette expression *drogue*. Ce mot, pris dans son acception générale, désigne d'ordinaire un produit chimique non recommandable; il est souvent l'expression soit d'une falsification, soit d'un mélange plus ou moins nuisible. Et s'il est vrai qu'un produit chimique puisse quelquefois être appelé une drogue, il n'est pas toujours exact qu'une drogue soit un produit chimique. Là est la question! Ainsi, le sel de cuisine est une drogue en même temps qu'un produit chimique; mais combien de personnes n'ignorent-elles pas que ce corps, condiment absolument indispensable à l'alimentation, n'est uniquement composé que d'acide chlorhydrique, acide corrosif, énergique, et de soude caustique (lessive de soude), tous deux, poisons violents, s'ils étaient ingérés séparément dans l'économie, tandis que leur combinaison intime ne forme plus qu'un sel absolument inoffensif! Si tous ceux qui se purgent de temps en temps avec du sulfate de soude, du sel de Sedlitz ou d'Angleterre, savaient qu'ils absorbent un composé d'acide sulfurique et de soude ou de magnésie caustiques, il n'y a pas de doute que beaucoup d'entre eux hésiteraient ou se croiraient empoisonnés. Ce n'est cependant pas par décigrammes qu'on absorbe journellement soit du sel de cuisine, soit un sel purgatif, mais par 10 et même 30 grammes; eh bien! quand on connaîtra la composition de l'Acide salicylique, et que l'on se sera bien rendu compte qu'un litre de vin ou de bière préservé par cet an-

---

(1) Faits observés en Angleterre et rapportés dans la *Country Brewers Gazett.*

tiseptique n'en contient que 10 centigrammes, tout au plus, il sera facile d'observer que, si même l'Acide salicylique absorbé devait exercer une certaine influence à la dose de 5 à 6 grammes par jour, il faudrait absorber journellement l'énorme quantité de de 50 ou 60 litres pour subir l'influence de ce produit chimique. Je pense que nul ne me contredira, si j'affirme que le malheureux qui tenterait une pareille absorption s'empoisonnerait bien plus par l'intoxication alcoolique que par l'Acide salicylique.

Je ferai remarquer, en outre, que l'Acide salicylique a la propriété d'être éliminé rapidement par les urines, et même par la transpiration, de sorte qu'il devient impossible de constater, au bout d'un ou deux jours, sa présence par la moindre trace dans l'organisme. C'est là encore une garantie de plus en faveur de son *innocuité* parfaite. Sa composition chimique, formée de carbone d'hydrogène et d'oxygène, trois corps simples que nous retrouvons continuellement dans tout notre organisme; le groupement heureux de ces trois éléments qui se traduit par la formule $C^7 H^6 O^3$, ne présente donc aucun danger. Au contraire, la santé a bien plus à redouter l'influence des germes malsains ou morbides que nous respirons dans l'air ou que nous absorbons avec les aliments à l'état de ferments microscopiques, causes ordinaires de fièvres pernicieuses ou simplement de malaises dont on ne se rend pas toujours un compte exact. La vie humaine se meut au milieu de maux dont nous cherchons sans cesse les remèdes; c'est ainsi que, dans cet équilibre admirable de la nature, les petits oiseaux nous sont utiles en nous débarrassant des larves et des vermisseaux; de même les antiseptiques, à leur tour, nous délivrent des infiniment petits qui sont nos pires ennemis, parce que nous n'avons ni le don de les apercevoir, ni la force de les atteindre. La force brutale suffisante à tuer un être organisé est impuissante contre les êtres inférieurs, alors que ces derniers sont anéantis par quelques milligrammes d'Acide salicylique.

Il ressort de cet exposé que l'Acide salicylique est un produit d'une innocuité parfaite, et que, par sa nature, il ne peut d'aucune façon tenir lieu d'une substance intégrante de la bière, telles que le houblon, le malt; son addition ne peut, par conséquent, jamais être qualifiée de falsification, mais seulement de préservatif contre les fermentations provoquées par les causes extérieures.

Bouchons.

Nous recommandons de traiter les bouchons en les faisant tremper dans une solution d'Acide salicylique dans l'eau ou l'eau-de-vie (1 gr. pour 300 gr. d'eau), et de rincer les bouteilles avec cette même solution; il en sera de même, autant que possible, au moins dans les cas spéciaux, pour les tonneaux, bondes, etc. Dans les caves humides, on se sert avantageusement, lors du soutirage de la bière, d'un entonnoir rempli de *ouate salicylée*, qui fait l'effet d'un filtre à air, placé dans la bonde. On évite ainsi tout contact nuisible entre l'air vicié et le liquide : nous en recommandons l'usage comme très efficace.

Vernis salicylé.

M. Lorthioir-Clüydts, à Bruxelles, s'est fait breveter pour la fabrication d'un vernis salicylé. Ce vernis, inaltérable et à la fois antiseptique, ne communique ni goût ni odeur, même à l'eau bouillante; il sert à vernir les tonneaux de bière à l'intérieur et les préserve ainsi de la tendance qu'a le bois de communiquer à la bière un goût de moisi.

ACTION DE L'ACIDE SALICYLIQUE

SUR LA LEVURE

Les expériences si importantes faites par Neubauer (1) avec du moût de vin semblent prouver que la quantité de cellules de levure tuées par l'Acide salicylique est *directement proportionnelle* à la quantité d'Acide introduite dans le moût. Cependant, les essais faits dans la même direction par MM. Ernest von Mayer et H. Kolbe (2) ont prouvé que cette proportionnalité est bien plus élevée, et augmente avec les quantités de levure et d'Acide mises en présence. Nous citons leur mémoire : — « Nous nous sommes servis généralement, pour les essais que nous allons décrire, d'une solution de glucose à 12 pour 100. Nous en avons pris pour chacun de nos essais un litre. Nous avons ajouté des quantités différentes d'Acide salicylique (préalablement dissous dans un peu d'eau chaude) et nous avons varié les doses de levure de bière fraîche, de manière à déterminer approximativement, en faisant usage de l'appareil décrit (*Journal für praktische chemie*, vol. XI, page 10), la quantité d'Acide salicylique qui suffit pour rendre la

---

(1) *Journal für praktische chemie*, t. XI, p. 351 et suivantes.
(2) Ibid.

levure inactive et à trouver ainsi les limites d'épreuve. Ces limites varient, mais sans offrir d'écarts considérables, à cause des variations dans la constitution de la levure.

« Du reste, celle dont nous nous sommes servis provenait toujours de la même maison qui nous avait fourni celle qui avait été employée à nos précédentes expériences. C'est à l'obligeance de M. le maître brasseur Brüning que nous en sommes redevables.

« *Premier essai*. — La liqueur d'épreuve était ainsi composée :

> Solution de glucose.............   100 litres.
> Acide salicylique.............   25 grammes.

«3 gr. de levure par litre y firent naître une faible fermentation ; de même 2 gr. de levure, ajoutés au même liquide. Par contre, il n'y eut point de fermentation lorsqu'une troisième quantité de ce liquide fut mélangée avec 1 gr. de levure seulement. Ce dernier essai fut répété avec une solution de glucose à 6 0/0 (moitié de la précédente). Un litre de cette solution, mélangé avec 0 gr. 25 d'Acide salicylique et avec 1 gr. de levure ne présenta aucune apparence de fermentation.

« 0 gr. 25 d'Acide salicylique sont donc capables de tuer 1 gr. de levure de bière dans un litre de solution de glucose étendue à 12 et même à 6 0/0. Mais cette même quantité d'acide est incapable de paralyser 2 gr. de levure.

« *Deuxième essai*. — Liquide d'épreuve :

> Solution de glucose..........   100 litres.
> Acide salicylique.............   40 grammes.

« La plus grande quantité de levure qu'il fut possible d'ajouter à cette solution, sans provoquer de fermentation, fut de 4 grammes par litre. Telle était donc la quantité de levure tuée par 0,40 d'Acide. Deux essais fournirent la même indication. Par contre, une solution semblable entra en fermentation faible, mais facilement reconnaissable, lorsqu'on y ajouta 5 gr. de levure par litre.

« *Troisième essai*. — Liquide d'épreuve :

> Solution de glucose..........   100 litres.
> Acide salicylique.............   50 grammes.

« Une addition de 15 gr. de levure produisit une fermentation très-faible qui cessa au bout de très-peu de temps, tandis que 20 gr. de la même levure provoquèrent dans une solution semblable une vive fermentation. La limite à laquelle 0,50 d'Acide salicylique peuvent complètement faire cesser l'action de la levure est donc située un peu au-dessous de la première valeur (15 grammes de levure).

« *Quatrième essai.* — Liquide d'épreuve :

Solution de glucose............ 100 litres.
Acide salicylique............. 60 grammes.

« 25 gr. de levure ne firent pas apparaître de fermentation ; 35 gr. en provoquèrent une assez forte. Une quantité de 0 gr. 60 d'Acide salicylique rend donc inactive une quantité de levure comprise entre 25 et 35 grammes.

« *Cinquième essai.* — Liquide d'épreuve :

Solution de glucose.......... 100 litres.
Acide salicylique............ 75 grammes.

« 50 gr. de levure ne produisirent pas de fermentation, mais le liquide resta trouble, cependant il n'y eut absolument pas de dégagement de gaz ; mais 60 gr. de levure produisirent dans la même solution une fermentation évidente.—0 gr. 75 d'Acide salicylique produisirent le même effet, en présence de la même quantité de levure, dans une solution de glucose à 6 0,0.

« Le tableau ci-dessous contient les valeurs déterminées par les essais précédents. Il permet d'embrasser d'un coup d'œil les quantités d'Acide salicylique employées et les plus grandes quantités de levure rendues inactives par les différentes doses d'Acide salicylique dans 1 litre de solution de sucre (à 12 0/0).

	A. Acide salicylique	B. Levure	C. Quotient de $\frac{B}{A}$
1er essai............	gr. 0,25	1 gr.	4
2e essai............	0,40	4	10
3e essai............	0,50	15	30
4e essai............	0,60	30	50
5e essai............	0,75	55	75

« Les valeurs inscrites au-dessous de C représentent le quotient du poids de la levure par le poids de l'Acide salicylique nécessaire pour tuer cette levure : c'est-à-dire que, pour tuer 30 gr. de

levure, par exemple, il faudra 1/50e en poids d'acide, $\frac{30}{50} = 0,60$

Acide salicylique. Si l'action de l'Acide sur la levure était proportionnelle au poids de l'Acide, on pourrait trouver par le calcul les chiffres à inscrire dans la colonne B, en se fondant sur les résultats du premier essai. Les nombres ainsi calculés sont :

1 ; 1,60 ; 2 ; 2,40 ; 3.

bien inférieurs aux chiffres fournis par l'expérience :

1 ; 4 ; 15 ; 30 ; 55.

« Donc, entre certaines limites (de 40 à 75 centigr. par litre de solution de glucose), l'action de l'Acide salicylique prend rapidement une énergie de plus en plus grande au fur et à mesure que la quantité augmente ; par contre, cette quantité diminuant au-dessous de 40 centigr., l'action antifermentescible s'affaiblit peu à peu, très lentement. Si ces effets diminuaient dans la même proportion qu'ils s'accroissent lorsqu'on emploie plus de 40 centigr. d'Acide salicylique, ils s'annihileraient pour 36 centigr. d'Acide salicylique (il est facile de le calculer d'après les essais 2-5), tandis que, en réalité, des quantités d'Acide beaucoup plus petites suspendent évidemment l'action de la levure. Neubauer a prouvé, dans son premier mémoire sur l'action antifermentescible de l'Acide salicylique (1), que 0 gr. 0,055 d'Acide salicylique dans un litre de moût, c'est-à-dire extrêmement dilués, possèdent encore le pouvoir d'arrêter la fermentation.

« Il nous a paru intéressant de rechercher si le degré de dilution exerce une influence sur l'action antifermentescible de l'Acide salicylique, et quelle est cette influence ; si la quantité d'Acide salicylique qui est capable de paralyser une certaine quantité de levure dans *un* litre de solution de glucose exerce encore la même action sur la même quantité de levure, lorsque ces deux substances se rencontrent dans *deux* litres de solution de glucose ou dans un plus grand nombre de litres.

D'après le troisième essai, 15 grammes de levure sont tués par 0 gr. 50 d'Acide salicylique, lorsque le liquide qui les met en présence occupe un volume de un litre, soit que ce liquide renferme 12 0/0, ou seulement 6 0/0 de glucose.

« *Sixième essai.* — Liquide d'épreuve :

Solution de glucose à 6 0/0..........	2 litres,
Acide salicylique	0ᵍʳ,50.
Levure de bière....................	15 gr.

« Il se produisit, au bout de quelque temps, une fermentation évidente. Les 0 gr. 50 d'Acide salicylique dans deux litres de solution de glucose se comportaient, en présence des 15 grammes de levure, comme les 0 gr. 25 d'Acide salicylique dans un litre de solution de glucose s'étaient déjà comportés vis-à-vis de 7 gr. 50 de levure.

« On a vu dans le premier essai, que 0 gr. 25 d'Acide salicylique étaient impuissants à tuer 3 grammes de levure.

« *Septième essai.* — Liquide d'épreuve :

Solution de glucose à 6 0/0..........	1 litres.
Acide salicylique....................	0ᵍʳ,50.
Levure de bière,....................	3 gr.

---

(1) *Journal für praktische Chemie*, t. XI, p. 2.

« Les proportions sont les mêmes que s'il y avait dans un litre de solution de glucose ·

0ᵍ,125 d'Acide salicylique
pour : 1ᵍ,25 de levure de bière.

« Or, d'après le premier essai, 0 gr. 25 d'Acide salicylique peuvent à peine tuer 1 gramme de levure. On peut donc s'attendre à ce que la moitié, 0 gr. 125 d'Acide salicylique, soit incapable de paralyser l'action de 1 gr. 25 de levure. En effet, la fermentation ne tarde pas à commencer dans ce mélange et à se manifester vivement.

« Ainsi, la quantité d'Acide salicylique (0 gr. 50) qui paralyse 15 grammes de levure dans un litre de solution de glucose à 6 0/0, ne peut pas tuer le tiers de cette même quantité de levure dans 4 litres de solution de glucose, c'est-à-dire lorsque le liquide est quatre fois aussi dilué.

« Nous avons fait encore d'autres essais dans cette direction. Si les effets de l'Acide salicylique augmentent avec la quantité de cet Acide dans la proportion indiquée par les essais 2-5, on peut admettre que 1 gramme d'Acide salicylique, dans un litre de solution de glucose à 6 ou 12 0/0, rend inactifs à peu près 100 grammes de levure. Au lieu de 100 grammes de levure, nous n'en avons fait réagir que 30 grammes et en dernier lieu 10 grammes, avec 1 gramme d'Acide salicylique chaque fois, sur des dissolutions de glucose, à divers degrés de dilution. Voici les résultats de ces essais :

« *Huitième essai.* — Liquide d'épreuve :

Solution de glucose à 12 0/0.........	1 litre.
Acide salicylique.....................	1 gr.
Levure de bière......................	30 gr.

« Il va de soi qu'il ne se produisit pas de fermentation.

« *Neuvième essai.* — Liquide d'épreuve :

Solution de glucose à 12 0/0........	4 litres.
Acide salicylique...................	1 gr.
Levure de bière.....................	30 gr.

« *Dixième essai.* — Liquide d'épreuve :

Solution de glucose à 3 0/0..........	4 litres.
Acide salicylique....................	1 gr.
Levure de bière.....................	30 gr.

« Dans ces deux essais, le liquide entra en violente fermentation.

« *Onzième essai.* — Liquide d'épreuve :

> Solution de glucose à 3 0/0.............   4 litres.
> Acide salicylique.....................   1 gr.
> Levure de bière.....................   10 gr.

« Dans cet essai, comme dans les deux autres, la fermentation se manifesta nettement. L'action des 10 grammes de levure dans les 4 litres de solution de glucose ne fut pas annihilée par 1 gramme d'Acide salicylique, pas plus que la quatrième partie de cet Acide (0 gr. 25) ne rendrait inactifs 2 gr. 50 de levure dans 1 litre de liquide (essai premier).

« Les essais précédents prouvent que l'action antifermentescible exercée par une quantité déterminée d'Acide salicylique, dans une solution de glucose, sur une quantité déterminée de levure de bière, n'est pas la même dans tous les cas et qu'elle dépend essentiellement du degré de dilution du liquide fermentescible, tandis que la quantité de glucose de ce liquide n'exerce aucune influence décisive à cet égard, au moins dans certaines limites.

« Neubauer a trouvé (1) que, pour comprimer une fermentation active déjà commencée, il faut employer des quantités d'Acide salicylique relativement considérables, et bien supérieures à celles qui suffisent pour prévenir la fermentation. Il faut observer à ce sujet que Neubauer a opéré avec du moût, c'est-à-dire avec un liquide dans lequel la quantité de levure augmente pendant la fermentation; et que, par conséquent, lorsque la fermentation a déjà duré quelque temps, la petite quantité d'Acide salicylique qui était suffisante pour entraver l'action de la levure primitive ne suffit bientôt plus à tuer l'excès de la levure nouvellement formée.

« Tout autres sont les phénomènes que l'on observe quand on opère avec une solution de glucose pure, dans laquelle font défaut les conditions nécessaires pour la multiplication de la levure, et notamment avec des solutions plus concentrées, ainsi qu'il résulte des essais suivants :

« *Douzième essai.* — A un litre de solution de glucose on ajoute 1 gramme de levure, et, lorsque la fermentation fut commencée, on versa une solution tiède de 0 gr. 25 d'Acide salicylique. Cet acide salicylique enraya bientôt complètement la fermentation (comparer 1er essai).

« *Treizième essai.* — On introduisit 15 grammes de levure dans un litre de solution de glucose, on agita le mélange, et, lorsque la fermentation fut violente, on ajouta 0 gr. 50 d'Acide salicy-

---

(1) *Journal für praktische Chemie*, t. XI, p. 339.

lique. Au bout d'une heure environ, on n'observait plus de dégagement de gaz (comparer essai 3me).

« *Quatorzième essai.* — Un litre de solution de glucose additionnée de 50 grammes de levure se trouvant déjà en fermentation, on introduisit dans ce 'liquide 0 gr. 75 d'Acide salicylique (comparer essai 5me). Une demi-heure plus tard, la fermentation avait complètement cessé.

« Ces exemples prouvent que, dans les conditions précédentes, c'est-à-dire lorsque la quantité de levure n'augmente pas considérablement pendant la fermentation, la quantité d'Acide salicylique qui, ajoutée tout d'abord, empêche cette fermentation de se manifester, est aussi capable de l'enrayer lorsqu'elle est déjà commencée et qu'elle a duré quelque temps.

« La curieuse propriété que possède l'Acide salicylique d'arrêter l'action fermentescible de la levure dans les solutions de glucose, suscite une autre question : la levure, que son contact avec l'Acide salicylique a rendue inactive, a-t-elle perdu la propriété de provoquer la fermentation et peut-elle la recouvrer après avoir été lavée avec soin et débarrassée de l'Acide salicylique encore adhérent à ses cellules? Les expériences suivantes ont résolu la question.

« *Quinzième essai.* — Un litre de solution de glucose fut mélangé avec 1 gramme d'Acide salicylique dissous à chaud, puis, avec 30 grammes de levure.

Seizième essai. — Un litre de solution de glucose reçut 0 gr. 50 d'Acide et 10 grammes de levure.

« Dans les deux liquides d'épreuve, il ne se produisit absolument point de fermentation : ils furent tous les deux bientôt parfaitement clairs. On jeta alors le mélange sur le filtre et on y lava la levure avec de l'eau, jusqu'à ce que ce liquide filtré ne fût plus coloré par le perchlorure de fer, c'est-à-dire jusqu'à ce que l'eau n'entraînât plus d'Acide salicylique.

« Cette levure fut incapable de produire la moindre fermentation dans une nouvelle solution de glucose : ce qui prouve qu'elle avait été tuée définitivement par le contact de l'Acide salicylique. »

(Extrait du Journal für praktische Chemie.)

CONSERVATION DU CIDRE DOUX
ET DU POIRÉ

PAR

L'ACIDE SALICYLIQUE

Le cidre, cette boisson si rafraîchissante, que plus de vingt départements du nord et de l'ouest de la France fournissent, comporte une production annuelle que l'on peut évaluer de 12 à 15 millions d'hectolitres.

En dehors des centres de préparation, la consommation de cette boisson se trouve forcément limitée au temps, relativement court, pendant lequel le cidre conserve sa douce et agréable saveur; or, cette durée ne dépasse généralement pas deux à trois mois, et, à partir d'avril, le cidre devient *dur* et n'est plus goûté par les consommateurs de Paris et du centre de la France, qui ont une prédilection marquée pour ce produit, aussi longtemps qu'il conserve sa saveur primitive.

Le commerce du cidre se trouve, par conséquent, forcément restreint, alors qu'il pourrait s'étendre à l'année entière et acquérir une importance quadruple.

Pour conserver le cidre à l'état doux, il suffit d'une adjonction de 10 à 15 grammes d'Acide salicylique par hectolitre; l'addition de l'antiseptique doit se faire au moment du soutirage, en janvier ou février alors que le cidre est *fait*, et se trouve au point voulu pour être livré à la consommation.

Pour compléter notre pensée, nous voulons effleurer quelques détails de la fabrication :

Aussitôt que les pommes sont pressées, le jus est mis en fûts et déposé en cave.

Au bout de quelques jours, le liquide entre en fermentation ; cette fermentation dure de quinze jours à trois semaines, suivant la température, la nature du fruit et son degré de maturité.

Sous l'action des ferments, le cidre se clarifie et les germes d'impureté viennent se condenser à la surface du liquide, y formant une sorte de *feutre compact* que l'on désigne sous le nom de *chapeau*, cette coiffure empêche le contact de l'air par la bonde et met ainsi, pour quelque temps, le cidre à l'abri de nouveaux ferments.

Pour conserver la douceur à ce produit, c'est au moment où il est fait que l'on doit procéder au soutirage et introduire l'anti-ferment afin de *conserver* au cidre son degré de douceur et empêcher la fermentation acétique qui le rend impropre à la consommation. A l'appui de cet exposé nous citons, entre autres, une expérience qui a été faite en janvier 1879; M. C..., de Paris, un de nos amis, grand amateur de cidre, ayant reçu une barrique de cidre pur, et désirant se donner une boisson de table moins forte mais agréable, il mouilla le cidre et d'une pièce en fit deux. Le coupage opéré, il laissa ses deux fûts reprendre une légère fermentation, afin de permettre à ce mélange du jus de pomme et d'eau une assimilation complète, et, au bout de quinze jours, la boisson ayant repris du montant, il introduisit l'Acide salicylique à la dose de 10 grammes par hectolitre. Depuis plusieurs années cet ami recevait régulièrement du cidre en janvier et, dans le courant d'avril, il ne lui était plus possible de le boire; il perdait donc, chaque année une grande partie de sa boisson; l'année dernière, au contraire, et grâce à notre antiseptique, son cidre, tiré au tonneau, dura jusqu'à la fin juillet et la dernière bouteille lui parut aussi agréable que la première. Pendant ces sept mois la qualité ne s'était pas modifiée.

Il constata, en outre, plusieurs fois un effet plus remarquable encore de l'action de l'Acide salicylique sur cette boisson, c'est que le carafon non vidé de la veille pouvait être bu le lendemain, sans qu'il fût possible d'y trouver la moindre trace d'altération.— Nos propres expériences faites dans nos bureaux, 26, rue Bergère, à Paris, ont confirmé du reste tous les essais sur lesquels des rapports nombreux nous ont été communiqués, et nous nous mettons, avec plaisir, a la disposition des personnes que le sujet intéresse, pour leur fournir des renseignements supplémentaires et les mettre en mesure de contrôler nos assertions.

Quant au mode d'emploi, l'on procède par un empâtement sur la quantité d'Acide à employer; à cet effet on ajoute de l'eau ou du cidre à la poudre salicylique, comme s'il s'agissait de faire une pâte avec de la farine en ajoutant peu à peu le liquide à la poudre et en remuant avec une spatule en bois; toutes les parties de l'Acide étant alors mouillées, une nouvelle adjonction d'eau ou de cidre rend la pâte liquide et facilite l'introduction dans les fûts, sur lesquels on opère le transvasement; l'opération du soutirage provoque une agitation suffisante pour achever la dissolution de l'antiseptique dans la boisson. Par son action antifermentescible, l'acide salicylique contribue également au maintien de la limpidité.

La dose que nous recommandons ci-dessus nous est indiquée par les opérations qui nous ont été signalées et par les essais dont les résultats ont dépassé l'attente des expérimentateurs.

Pour toutes ces opérations auxquelles nous faisons allusion, il s'agisssait de bons cidres ordinaires; mais, à côté du cidre de pommes, il y a le poiré qui peut, dans bien des circonstances, lutter avantageusement avec de certains vins.

Nous croyons que des essais peuvent seuls régler la dose d'Acide salicylique à employer pour cette boisson délicate, car, comme pour le moût de vin, cette dose doit varier selon le degré de douceur du liquide en tenant également compte du degré alcoolique.

On comprendra, à la suite de ce qui précède, qu'il est impossible de recommander un dosage uniforme parce que celui-ci doit nécessairement varier, suivant que le cidre ou le poiré sont plus ou moins doux. Moins il y a de principes sucrés, moins il faudra d'Acide salicylique; la richesse alcoolique est aussi à considérer; en somme, les expériences indiquent une dose moyenne de 10 à 15 grammes par hectolitre ; généralement, on peut considérer comme base la quantité de 10 grammes, quitte à l'augmenter de 2 à 5 grammes si l'on s'aperçoit d'un mouvement nouveau de fermentation un certain temps après l'addition des 10 grammes d'Acide salicylique.

Cette question de dosage est affaire de pratique et c'est aux intéressés à suivre par eux-mêmes ces expériences en se réglant sur la douceur, le degré d'alcool et la durée de la conservation que l'on a en vue.

Le fer ayant une action colorante sur l'Acide salicylique, nous recommandons de n'employer pour les mélanges dont il est question dans ce chapitre, que des vases en terre, grès, faïence, porcelaine ou bois à l'*exclusion* de tout instrument en fer. Il est inutile d'ajouter que l'addition de l'Acide salicylique ne communique au cidre aucun goût étranger et que son action n'exerce aucune influence sur la santé.

L'addition de 10 grammes d'Acide salicylique par hectolitre, cidre ou poiré, ne provoque qu'une dépense de 25 centimes qui est évidemment retrouvée par les avantages considérables que présente cette addition, et qui tend évidemment à rendre à cette boisson une plus-value incontestée.

CONSERVATION DU VIN

PAR

L'ACIDE SALICYLIQUE & L'ŒNOSALICYLIQUE

L'Acide salicylique et l'Œnosalicylique empêchent complètement, et d'une manière infaillible, toute formation de moisissure, ainsi que la fermentation acétique dans le vin et dans le cidre, sans nuire en rien au développement du bouquet qui s'obtient par l'âge.

Des expériences nombreuses ont prouvé que, grâce à une légère addition d'Acide salicylique, de 8 à 10 gr. par hectolitre, on n'a plus à redouter que le vin aigrisse ou moisisse et que le cidre durcisse, ce qui est fréquent pour les boissons peu riches en alcool et surtout pour les vins ou les cidres mouillés.

L'Acide salicylique préserve le vin, de toute arrière-fermentation.

Il est prouvé que le *moût de vin en pleine fermentation est immédiatement immobilisé* par l'Acide salicylique, et que le mycoderme de la fermentation est lui-même entièrement détruit. L'Acide salicylique protège les vins qui ont atteint leur complet développement contre la formation et l'influence des germes de levure qui peuvent s'y trouver encore, et qui font que, sans l'addition d'Acide salicylique, le vin est sujet à se gâter. Il ne s'agit donc pas de guérir un vin malade, mais de le préserver de la maladie qui souvent le perd complètement.

L'Acide salicylique ne doit être employé que lorsque la première fermentation est complètement achevée et que le vin est parvenu à son complet développement, à moins que l'on ne veuille immobiliser des moûts (muter), ce qui réussit d'une façon complète lorsqu'on opère comme l'indique M. E. Robinet, le savant œnologue d'Épernay.

Conservation des moûts. — Voici le procédé de M. E. Robinet : Passer le moût épais, au sortir du pressoir, sur un linge, pour enlever le plus gros des impuretés, puis l'additionner de 35 gr. d'Acide salicylique dissous dans un litre d'alcool par hectolitre de moût. Loger autant que possible dans des petits fûts de 1 hectolitre et les placer dans un endroit frais.

Cette précaution est nécessaire, car la fermentation se développe plus difficilement dans des petits fûts que dans des grands, et la masse se refroidit plus vite sous un petit volume. Un mois après, s'il ne s'est pas produit de fermentation, *soutirer le moût* et y ajouter encore 15 gr. d'Acide salicylique dissous dans un litre d'alcool. Remettre en fût et laisser reposer; ainsi traité un moût peut se conserver indéfiniment.

On peut également immobiliser des moûts sans employer l'alcool, il suffit dans ce cas d'empâter l'Acide salicylique avec le vin même; mais alors, dans ce cas, au lieu de 35 gr., on emploiera 40 gr. par hectolitre.

Si, après la première addition d'Acide, quelques fûts viennent à fermenter un peu, il faut faire immédiatement la seconde addition d'Acide salicylique, après avoir soutiré, si l'on peut, pour retirer le plus gros dépôt.

Enfin, il est indispensable, au printemps, vers le mois de février, de soutirer les moûts, pour ne pas leur laisser passer les chaleurs sur leur gros dépôt. A cette époque, ils sont fin clairs. La présence de ce dépôt peut occasionner des fermentations secondaires en été et, du reste, donner un mauvais goût au moût.

Conservation du vin. — C'est pour la conservation des vins blancs surtout que l'usage de l'Acide salicylique est à recommander. D'après les expériences faites à Bercy, les résultats ont été remarquables, et l'on peut être certain que, par ce nouveau traitement, on n'aura jamais de vins blancs piqués, ni gras, ni louches.

Œnosalicylique. — Pour les vins rouges, l'Acide salicylique ayant l'inconvénient de décolorer légèrement le vin, nous l'avons remplacé par un produit de la même famille que nous nommons *Œnosalicylique*. Ce nouveau produit a l'avantage d'être à peu près sans action sur la couleur des vins rouges tout en jouissant des mêmes propriétés que celles de l'Acide salicylique. Son mode d'emploi est le même; il résulte seulement des expériences de M. Robinet qu'il faut l'employer à des doses encore plus faibles que l'Acide salicylique : 8 gr., par exemple, au lieu de 10. En un mot, l'*Œnosalicylique* est encore plus puissant que l'Acide salicylique, puisqu'il a été reconnu qu'il agit mieux à des doses moindres.

L'Acide salicylique arrête complètement le développement des fleurs et de la fermentation acétique, même dans les conditions les plus défavorables; c'est ainsi que nous avons conservé, pendant plus d'un an et durant les plus fortes chaleurs de l'été, du vin mis en bouteille et non bouché.

Dosage. — La quantité du conservateur doit être réglée d'après

la nature des vins. La dose augmente à mesure que les vins sont
moins riches en alcool.

Dose pour conserver les vins rouges secs. 8 gr. d'Acide
salicylique ou d'Œnosalicylique sont suffisants par hectolitre ;
il faut 10 gr. d'Acide salicylique pour les vins blancs secs.

Les vins doux (*muscat, vermout, etc.*) à 10 ou 12 degrés d'alcool nécessitent 12 à 15 gr. d'Acide salicylique pour les garantir
contre toute fermentation pendant des voyages de plusieurs
mois.

Des vins doux à 15 degrés d'alcool se conserveront parfaitement avec 8 à 10 gr. d'Acide. Si l'on veut arrêter la fermentation
pendant quelques jours seulement, il suffira de réduire de moitié les doses susindiquées.

Pour les moûts très doux à immobiliser pendant quelques
semaines seulement, 20 à 25 gr. par hectolitre suffisent ; s'il
s'agit d'empêcher la fermentation pendant deux à trois mois, la
dose devra être portée à 30 ou 40 gr., sans avoir besoin d'employer l'alcool pour dissoudre l'Acide salicylique ; il suffira d'un
empâtement avec le vin. L'emploi de l'alcool n'est nécessaire
dans aucun cas, l'empâtement est toujours suffisant.

L'acide empâté et mis en fût, on procède comme s'il s'agissait
d'un collage, c'est-à-dire qu'il faut bien fouetter le vin afin d'obtenir un parfait mélange. Lorsqu'on opère sur des foudres, on a
soin de soutirer un demi-muid afin de provoquer le mélange
en refoulant le vin au moyen d'une pompe ; en procédant de cette
façon on est assuré d'un mélange intime.

Des moûts en pleine fermentation ont été immobilisés complètement, du jour au lendemain, avec une addition de 20 à 25 gr.
par hectolitre ; mais cette quantité serait insuffisante si l'on ne
désire pas que la fermentation reprenne au bout de quelques
semaines.

Des moûts de vin (dits vins bourrus) auxquels on avait ajouté
45 à 50 gr. d'Acide salicylique, au sortir du pressoir, *étaient d'une
limpidité de cristal au bout de quatre jours, et ils se sont tenus ainsi,*
sans perdre un degré de liqueur, pendant deux à trois mois.

Emploi. — La méthode la plus commode consiste à faire une
sorte de pâte que l'on obtient en ajoutant, peu à peu, à la quantité d'Acide salicylique à employer du vin avec lequel on mouil-
lera toutes les parties de l'Acide au moyen d'une spatule en
bois, comme si l'on voulait délayer de la farine ; on se sert du
vin même sur lequel on veut opérer. Ce mélange doit se faire de
préférence dans un vase en bois, en terre ou faïence, surtout s'il
s'agit de vins blancs. L'Acide salicylique exerce une influence

sur la couleur du vin lorsque le raisin a mûri sur un terrain ferrugineux.

Pour faciliter le transvasement de la pâte, soit dans un fût, soit dans un foudre, on ajoute à l'empâtement et en remuant une quantité suffisante de vin pour obtenir un mélange liquide qui entraîne la totalité de l'Acide salicylique; la solution une fois versée dans le vin que l'on veut conserver, on fouette et l'on brasse pour que le mélange soit intime.

Fûts moisis. — Les fûts vieux devraient toujours être rincés avec une solution de 2 grammes (ou la valeur d'une cuiller à soupe) d'Acide salicylique par litre d'eau, afin d'éviter les moisissures. Ce moyen est bien préférable au soufrage, qui laisse le plus souvent une odeur et un goût désagréables, tout en étant moins efficace. Les bouchons destinés au bouchage des bouteilles, trempés de même dans la solution aqueuse salicylée, éviteront au vin le « *goût de bouchon* » causé par la moisissure et les vers du liège.

Dans les caves humides on se sert avantageusement, pour le soutirage du vin ou de la bière, d'un entonnoir rempli de ouate salicylée, qui fait l'office d'un filtre à air placé dans la bonde. On évite ainsi tout contact nuisible entre l'air vicié et le liquide

OBSERVATION IMPORTANTE. — L'Acide salicylique est absolument inoffensif aux doses à employer. Le vin auquel on l'ajoute, loin de devenir nuisible à la santé, acquiert au contraire certaines propriétés hygiéniques ; la preuve en est faite chaque jour par les médecins qui prescrivent les boissons ou les pastilles salicylées, pour la préservation des maladies infectieuses.

L'opinion que nous émettons ici, sur la parfaite innocuité de l'Acide salicylique ajouté au vin, est celle de tous les savants qui ont étudié la question. Déjà, au commencement de l'année 1877, on pouvait lire dans le *Moniteur scientifique* du docteur Quesneville : « Les propriétés antizymotiques de l'Acide salicylique le rendent très important pour la conservation du vin et de la bière, comme le montrent les essais de M. Neubauer et d'autres chimistes. L'Acide salicylique est également préconisé pour la conservation des aliments et surtout de la viande, des fruits et des légumes confits, car *il n'est pas nuisible à la santé.* » Cette assertion a été vérifiée depuis par toute la presse scientifique, et, enfin, la démonstration la plus éclatante vient de lui être donnée expérimentalement par le professeur Blas, de Louvain, qui a déclaré ceci devant l'Académie de médecine : « Je me trouve, depuis une année entière, sous le régime salicylé, *je n'ai jamais observé le moindre effet nuisible,* et, pour ce qui me concerne, je ne fais usage que de bière salicylée à 8 grammes par hectolitre, etc.

Il est de l'intérêt du consommateur de n'employer que de l'*Acide salicylique cristallisé d'une pureté absolue* et, afin d'éviter des produits mélangés ou dénaturés, nous les engageons vivement à toujours exiger des boîtes fermées avec le cachet et marque de fabrique (Schlumberger et Cerckel.)

AVIS. — Le défaut d'espace nous ayant empêché de nous étendre, comme il convient, sur la conservation des vins, nous renvoyons les lecteurs que le sujet intéresse à la lecture de notre brochure spéciale pour les vins.

Pour éviter les contrefaçons et avoir la garantie d'un produit pur, exiger la marque de fabrique et la signature :

SCHLUMBERGER ET CERCKEL.

APPOSÉE SUR CHAQUE ÉTIQUETTE

Trois jugements et condamnations pour contrefaçon.

L'ACIDE SALICYLIQUE

DANS LES MÉNAGES

Considérations générales

Après avoir exposé les propriétés antiseptiques de l'Acide salicylique et ses applications à la conservation de la bière, du cidre et du vin, nous devons aborder, pour compléter le sujet, le chapitre de la conservation des aliments dans les ménages; elle a son importance, surtout pendant la saison d'été, alors que l'on voit se gâter si rapidement une foule de substances alimentaires.

Tout le monde connaît aujourd'hui les boîtes dites « de conserves alimentaires », introduites dans le commerce avec une persévérance inouïe par leur inventeur, Appert. On peut dire que, maintenant, ce mode d'alimentation est tellement entré dans les mœurs que l'on ne pourrait absolument plus s'en passer. La perfection à laquelle l'art de faire les conserves est arrivé, ne laisse, croyons-nous, rien à désirer. Lorsque le fabricant s'est servi d'aliments bien frais et qu'il s'est mis dans les conditions voulues d'une bonne fabrication, il est souvent difficile de distinguer au goût un légume conservé d'avec un légume frais. C'est donc, grâce au procédé Appert qu'il nous est permis de manger, sans les payer plus cher, des primeurs pendant la saison d'hiver.

Appert, en cherchant à faire ses conserves, partait d'un principe absolu: c'est que, pour bien *conserver*, il faut tuer les germes, pour les empêcher d'agir. C'est à la chaleur d'abord, puis à la raréfaction de l'air, que l'inventeur de cette heureuse méthode a dû sa réussite.

En effet, en soumettant à la température de 100 à 110 degrés des légumes, de la viande, ou tout autre aliment, on n'en opère pas seulement la cuisson, mais encore on étouffe les germes fermentescibles, et l'on empêche la formation de nouveaux ferments parce que, à un moment donné de cette cuisson, on soude hermétiquement la boîte de conserves, de façon à ne plus laisser entrer l'air, ce conducteur par excellence de tous les mycodermes qui poussent à la fermentation. On a donc d'un coup, au moyen de la chaleur du bain-marie, tué les ferments renfermés dans les aliments et dans l'air ou l'eau qui les entouraient, et par le fait de l'herméticité de la boîte, les conserves resteront intactes tant qu'il n'y aura pas eu renouvellement de l'air. Mais sitôt la boîte entamée, il faut absolument se hâter d'en consommer le contenu, si l'on ne veut pas s'exposer à le voir se gâter.

Voilà donc le moment où la ménagère sera bien aise d'avoir sous la main une substance, d'ailleurs inoffensive, capable de préserver de la décomposition une boîte de conserves dont elle voudrait garder une partie jusqu'au lendemain, par exemple, voir même quelques jours de plus.

Que de fois n'est-il pas arrivé que des parties de viande ont dû être jetées parce qu'elles se sont gâtées en quelques heures, surtout en été et à la suite d'un orage. Comme l'air chaud *ozonisé*, qui nous entoure dans ces conditions atmosphériques, est un véritable incubateur de ferments, il en facilite le développement avec une rapidité prodigieuse, si l'on ne combat pas son action par une substance antiseptique (1).

Pour bien expliquer l'action d'un antiseptique, je me permets d'emprunter ici les lignes suivantes au *Grand Dictionnaire de Larousse*, page 455 :

— « Les chimistes appellent *antiseptiques* tous les agents capa-« bles de soustraire les matières organiques à l'action de l'oxygène « ou à celle de l'eau, et par là même, supprimer une des condi-« tions réputées nécessaires de toute fermentation, c'est-à-dire « l'action des ferments.

« Parmi ces agents, on cite le sel marin, le charbon végétal, « l'alcool, la créosote, le tanin, le sublimé corrosif, le perchlo-« rure et le sulfate de fer, le bichlorure d'étain, l'acide arsénieux, « le bichromate de potasse, l'acide chromique, les hyposulfites « et le sulfate de zinc, etc., le chlorure de barium, l'éther « sulfurique, le chloroforme, le naphte, l'éther acétique, l'acé-« tone, l'esprit de bois, le pétrole, l'essence d'amandes amères, « l'éther iodhydrique, le sulfure, le protochlorure et l'azoture « de carbone, la liqueur des Hollandais, l'acide cyanhydrique, « le café, l'aloès, le camphre, le goudron (coaltar), la benzine,

---

(1) Antiseptique, du grec *séptos*, corrompu, pourri. (Voir encore la définition de ce mot à la page 4.)

« l'aniline, l'acide phénique (1). Le sel marin et l'alcool agissent
« en déshydratant les matières organiques ; le charbon végétal
« n'agit que comme *désinfectant*, c'est-à-dire en absorbant les
« produits de la putréfaction. On explique l'action de la créosote
« et de l'acide phénique par la propriété qu'ont ces deux corps
« de coaguler l'albumine. Le tanin forme avec la peau une
« combinaison qui rend celle-ci imputrescible, en la rendant
« imperméable. Les sels de fer, de mercure, et en général, les
« sels métalliques se combinent avec les substances organiques
« et empêchent ainsi leur combinaison ultérieure avec l'oxygène
« de l'air. Les hyposulfites de zinc jouent par rapport à l'oxygène
« le rôle d'absorbants. Enfin, un grand nombre d'antiseptiques
« (tous les composés volatiles artificiels formés uniquement ou
« essentiellement de carbone et d'oxygène) paraissant agir
« directement sur les ferments dont ils détruisent l'action.
« M. Ed. Robin a signalé une relation entre les causes toxiques
« et les causes préservatrices. La même substance qui est un
« poison pour un animal vivant, devient un principe préserva-
« teur pour ce même animal mort. Il explique ce fait par l'action
« de l'oxygène également nécessaire dans l'entretien de la vie
« et de la putréfaction, et par l'obstacle que les antiseptiques
« (toxiques ou non) mettent également à cette action. »

On peut se faire une idée par la lecture de ce qui précède, de la
grande variété d'antiseptiques tendant plus ou moins parfaitement vers le même but, en tant que préservatifs de la décomposition. Les uns sont salins et ne préservent qu'à force de
hautes doses, et alors le goût en souffre ; les autres sont toxiques
ou doués d'une odeur ou d'un goût tellement caractéristiques,
que leur emploi à la conservation des boissons et des aliments
ne peut en aucun cas être admis.

L'alcool sert à conserver les fruits ou des boissons ; le poussier
de charbon peut quelquefois être utilisé pour empêcher l'eau de
se corrompre. Le sel marin sert à la conservation des viandes
salées, du poisson, des cuirs, etc., quelquefois on l'emploie à
conserver le beurre. Mais, à part ces quelques emplois limités de
trois ou quatre antiseptiques, on ne connaissait pas, avant l'apparition de l'acide salicylique, de corps réunissant à la fois les
qualités antiseptiques par excellence, et *l'absence d'odeur et de
goût appréciables et d'une innocuité parfaite*. On sait, par ce qui
précède, que les doses à employer sont très faibles et j'ai déjà

____

(1) Le borax, l'acide borique, l'acide benzoïque, l'acétate d'alumine, l'Acide
salicylique ne sont pas cités comme antiseptiques dans le Dictionnaire de
Larousse.

répondu à l'objection, du reste sans fondement, que l'acide salicylique peut nuire à la santé publique. Les calculs les plus exagérés portent à un demi-gramme au plus d'Acide salicylique la dose absorbée par jour par une personne qui se nourrirait exclusivement d'aliments et de boissons salicylés ; et l'on peut prendre impunément de 4 à 5 grammes du même acide, pendant plusieurs jours de suite, sans être incommodé ; cet Acide ingéré est rejeté de l'économie en quelques heures par la transpiration et surtout par les urines !

Passons maintenant à la méthode usuelle pour les divers emplois de l'Acide salicylique à la conservation des aliments.

CONSERVATION DES ALIMENTS

LÉGUMES

Ainsi qu'il vient d'être dit, la fabrication des conserves de légumes repose sur le système Appert. Aussi n'est-ce que comme complément de la méthode que je conseillerai l'emploi de l'Acide salicylique pour ces conserves : on obtiendrait ainsi des conserves qu'on ne serait pas forcé de consommer aussitôt après l'ouverture de la boîte. Dans tous les cas les ménagères pourront, en ajoutant elles-mêmes une pincée d'Acide salicylique à une boîte entamée la garder sans crainte pendant quelques jours non-seulement pour les conserves de légumes, mais aussi pour les poissons, sardines, thon, etc.

Les *tomates* se conservent d'une façon remarquable lorsqu'on ajoute à la purée passée au tamis 1 gramme d'acide salicylique par kilogramme de pulpe. Il convient de chauffer au bain-marie la pâte ou purée de tomates et ensuite d'y faire l'addition d'acide salicylique préalablement empâté avec un peu d'eau ou de jus de tomate. On remue bien la masse avec une cuiller en bois, jusqu'à ce que tout l'Acide ait été dissous et qu'on n'en voie plus de grumeaux. Nous avons ainsi conservé des tomates fraîches et sans arrière-goût pendant plus de deux ans dans des vases sans fermeture hermétique.

L'oseille, la choucroute sont aussi des légumes qui se conservent bien de cette façon.

Ce traitement ne convient pas aux légumes farineux parce qu'ils durcissent un peu.

Acide salicylique : Boîtes de ménage **2 fr.** (*franco*).

VIANDE ET POISSON

Conserver pendant la saison d'été de la viande ou du poisson dans les conditions de fraîcheur et de bon goût nécessaires à la santé, est un problème qui n'avait pas encore été résolu jusqu'ici. La glace que l'on emploie presque généralement ne préserve de la décomposition qu'autant que la viande est en contact avec le froid ; mais quelques heures suffisent pendant la saison chaude pour provoquer la décomposition, et cela d'autant plus rapidement que la transition du froid au chaud aura été plus brusque.

Plus d'un boucher se voit obligé d'enfouir une partie de ses provisions, parce qu'il n'a pas à sa portée un moyen efficace et commode de conservation.

La quantité de viandes gâtées en vingt-quatre heures, pendant les temps d'orage surtout, est incalculable.

Avec l'Acide salicylique la conservation est certaine ; il suffit de préparer un sel de conserve en mélangeant intimement du sel de cuisine pilé fin dans la proportion de 15 grammes contre 1 gramme d'Acide salicylique.

La méthode la plus simple pour conserver, dans les ménages, la viande pendant huit à dix jours en été, consiste à la frotter avec soin, sur toutes les surfaces, avec un mélange de 15 à 20 parties de sel de cuisine en poudre et de 1 partie d'Acide salicylique : le sel marin dans ce cas ne sert que de véhicule pour diviser la substance antiseptique (20 grammes d'Acide salicylique pour 1/4 de kilog. de sel de cuisine pilé), le mélange peut servir jusqu'à épuisement.

La viande peut encore se conserver en bon état, en la trempant pendant 15 à 20 minutes dans une solution de 3 grammes d'Acide (une bonne demi-cuillerée à soupe) dans un litre d'eau chaude ; on la laisse égoutter, et on la met au frais dans un vase quelconque, autre qu'un vase en fer ; on peut, au moment de la cuire la laver avec un peu d'eau fraîche, mais cela n'est pas indispensable ; le peu d'Acide employé ne communiquant à la viande *aucun goût appréciable.*

On peut aussi faire cuire un peu la viande que l'on veut conserver, pour coaguler les parties albumineuses qui sont sans cela les premières à se décomposer ; puis, après l'avoir trempée dans l'eau salicylée, on la recouvre de gelée ou de graisse de porc dans laquelle on aura fait fondre au préalable 1 gramme d'Acide salicylique par kilog. Un morceau de filet traité comme il vient d'être dit et qui avait figuré à l'Exposition universelle de 1878 a été mangé et *trouvé en parfait état de conservation après* 18 *mois de préparation* et bien que le bocal qui le renfermait ait été ouvert plus de cent fois pour le montrer aux personnes que cela intéressait.

S'il s'agit de quantités à conserver en baril (1), on a soin de saupoudrer avec le mélange d'Acide salicylique et de sel marin la surface de la viande, et de frotter, avant l'emballage, les parois intérieures du baril avec de l'Acide salicylique mélangé à du sel marin, le tout dans une proportion de 1 partie d'Acide pour 10 à 12 parties de sel.

Enfin, pour la longue conservation de la viande, on se servira, de préférence à l'Acide seul, d'un mélange par parties égales en poids d'Acide salicylique et de bisulfate de potasse, le tout étendu de 15 à 20 parties de sel marin en poudre (2).

La *chair à saucisses* que l'on arrose d'une solution d'Acide salicylique (2 gr. 1/2 par litre d'eau) se conserve parfaitement ainsi préparée ; elle peut être livrée à la consommation sans crainte de la voir se gâter. On peut également, comme pour toutes les charcuteries, pâtés de viande et autres, ajouter, au sel de cuisine ordinairement employé dans cette manipulation, 1 gramme d'Acide salicylique par kilog. de viande.

Le *gibier*, dépouillé et vidé, se conservera plusieurs jours, et même plusieurs semaines, si on le frotte à l'extérieur et si on le saupoudre à l'intérieur avec un mélange de sel et d'Acide salicylique.

Un gramme d'Acide pour trois ou quatre litres de bouillon gras permet de garder ce bouillon sans altération pendant plusieurs jours, malgré les fortes chaleurs. Il est bon de l'ajouter pendant que le liquide est encore chaud.

---

(1) Brevet Arthur-Albion Libby à Chicago. — Conservation de la viande crue. = Patente angl. 7 janvier 1879.

Les locaux dans lesquels on abat les animaux dont la viande est destinée à la conservation, sont disposés de telle manière que l'air ne peut y entrer que par des ouvertures ou tuyaux remplis de ouate, afin de tamiser l'atmosphère et la priver de tout contact avec les germes de fermentation qui, sans cela, auraient une influence fâcheuse sur les substances organiques. Indépendamment de cela, on a soin d'abaisser la température du local. La viande est ensuite traitée par une solution de bisulfite de chaux, ou d'Acide salicylique (de préférence); puis on soumet les vases qui la contiennent à un courant d'air préalablement chauffé dans des tubes rougis puis rapidement rafraîchis, les boîtes sont ensuite hermétiquement fermées.

(2) Nous savons que la Compagnie sud-américaine d'alimentation de Montevidéo qui a, d'ailleurs, exposé ses produits dans la classe 72-73 de l'Exposition universelle de Paris, va procéder, dans ses établissements de la Plata, à des expériences d'assimilation de l'Acide salicylique à la saumure, dans le but de réduire la quantité de sel marin à une dose minimum et de présenter ainsi des viandes conservées à l'état le plus frais possible.

Le poisson doit se traiter comme la viande, soit qu'on le trempe pendant quelques minutes, dans une solution saturée (3 grammes par litre), soit qu'on le frotte avec le mélange d'Acide salicylique et de sel. Il sera bon d'introduire aussi ce mélange à l'intérieur par les ouïes. Il est à désirer que les poissonniers et les pêcheurs fassent plus ample connaissance avec cet Acide conservateur, pour éviter la trop prompte décomposition du poisson ; on aurait toujours ainsi les produits frais, et l'on éviterait l'odeur désagréable que répand le poisson lorsqu'il n'est pas assez promptement livré à la consommation. Espérons que la routine finira par céder en présence des services que peut rendre l'Acide salicylique pour conserver la marée, et que l'usage de ce précieux agent rendra à l'alimentation bien des wagons perdus à la suite de temps trop chauds et orageux.

Il paraît qu'à Londres, à la halle au poisson, il existe de grands réservoirs renfermant des solutions d'Acide salicylique dans lesquels les poissonniers, moyennant une faible rétribution, viennent tremper leur poisson pendant quelques instants ; ils les conservent ainsi plus longtemps frais.

MORUE

La pêche de la Morue a une importance dont on ne se fait pas d'idée ; or, pendant la saison chaude, la fermentation détruit des quantités effrayantes de ce produit de l'alimentation, et les pertes que les pêcheries subissent de ce chef sont si considérables que l'on peut, sans être taxé d'exagération, affirmer qu'à certaines époques de l'année, les déchets provenant d'avaries de ce genre font éprouver un déficit de plus de 50 0/0.

Depuis près de trois ans que des pêcheurs-armateurs intelligents ont fait des expériences pratiques avec l'Acide salicylique, nous savons que des chargements entiers ont été préservés de la décomposition qui les menaçait. Les bénéfices réalisés à la suite de l'action préservatrice de l'Acide salicylique ont déjà surabondamment prouvé l'efficacité du produit conservateur, et si, jusqu'à ce jour, l'Acide salicylique n'a pas été généralement appliqué à ce genre d'industrie, c'est que *l'apparence* de prix élevé de cet antiseptique en a été la principale cause ; il a fallu du temps, cela se conçoit, pour faire comprendre qu'un produit, dont le prix atteint 25 fr. le kilog., est capable de donner une plus-value à de la morue. Il est cependant un fait avoué aujourd'hui par de grands armateurs : que la dépense de 10 kilog. d'Acide salicylique a été retrouvée, dix fois et au delà, dans des cas où l'on aurait dû jeter à la mer pour 10 ou 15 mille fr. de poisson gâté. Voici la méthode que nous croyons devoir conseiller et qu'un essai sur une échelle quelconque ne saurait manquer de confirmer. Lorsque l'on débarque la morue pour la passer au séchoir, on procède à un lavage à grandes eaux dans des bacs où l'eau est constamment renouvelée. Le poisson que l'on a ainsi rafraîchi se trouve alors débarrassé de tous les détritus ou impuretés qui le souillaient; on le met ensuite sur des égouttoirs pour le transporter enfin dans de vastes prairies ou sous des hangars bien aérés.

C'est à ce moment que l'Acide salicylique doit entrer en ligne; un réservoir préparé *ad hoc*, ou même les bacs qui ont servi au rinçage, mais dans lesquels on arrête l'écoulement et le renouvellement de l'eau, doit être additionné d'une solution d'Acide salicylique dans de l'eau à raison de 250 grammes par hectolitre; on plonge alors successivement, pendant 10 à 15 minutes, dans cette eau salicylée, toute la morue que l'on a à traiter avant de la porter à la sècherie. Ce bain salicylé préserve le poisson de cette espèce de fermentation qui se traduit par une couche de petits champignons rouges qui mènent, sans cela, le poisson à une prompte décomposition.

BEURRE

Le beurre, mélangé de 1 millième de son poids d'Acide salicylique (soit 1 gramme d'Acide par kilog. de beurre), puis lavé avec un peu d'eau salicylée se conserve en été pendant plusieurs mois, sans rancir. On a déjà fait l'expérience d'envoyer de la Normandie au Brésil, aller et retour, des parties de beurre ainsi traitées qui ont supporté facilement ce long voyage, sans perdre de leur goût et de leur fraîcheur. On peut même, en le lavant avec de l'eau salicylée, enlever toute odeur à du beurre qui commence à rancir. L'Acide salicylique communique au beurre une saveur légèrement douceâtre : pour contrebalancer ce goût, on ajoute à l'Acide une petite quantité de sel marin.

Pour arriver à un bon résultat quand on opère sur une grande échelle, il convient d'installer un système de malaxeur mécanique afin que toutes les parties du beurre soient mises en contact avec la substance antiseptique. On emballe le beurre salicylé, soit dans des pots ou petits barils, en le recouvrant d'une toile mouillée dans une solution d'Acide salicylique.

La méthode employée avec succès depuis trois ans, par d'importants producteurs de beurre, consiste à laver le beurre dans de l'eau contenant un gramme d'Acide salicylique par litre : on le malaxe ensuite avec 5 0/0 de sel marin, contenant lui-même 1 0/0 d'Acide salicylique, ce qui donne les proportions suivantes :

Beurre	100 kilog.	
Sel marin	5 —	Dépense. Fr. **1 25**
Acide salicylique.	50 grammes.	

L'Acide salicylique trouve également son emploi dans la conservation des fromages frais, dits *petit suisse, chevalier, fromage à la crème*, etc., dont la consommation à Paris est si importante et qu'il est si difficile de conserver d'un jour à l'autre, sans qu'ils perdent leur goût délicat. Il suffirait simplement de les entourer, pendant le transport, d'un linge mouillé dans une solution de 2 grammes d'Acide salicylique par litre d'eau.

ŒUFS

Les expériences faites dans cette direction ont démontré que lorsqu'on plonge à froid, pendant une demi-heure environ, des œufs dans une solution de trois grammes d'Acide salicylique par litre d'eau, il y a *endosmose*, c'est-à-dire que, grâce à la porosité de la coquille, une partie de la solution salicylée passe dans l'œuf ; et la quantité d'Acide salicylique infiniment petite qui pénètre ainsi dans l'œuf le conserve pendant 8 à 10 mois, si minime que soit cette quantité. Il convient naturellement pour empêcher l'évaporation spontanée de la partie aqueuse qui tient l'albumine en suspension, de maintenir les œufs, autant que possible sur la pointe, dans un vase rempli de sciure de bois ou de son, et d'empêcher les courants de l'air extérieur de provoquer l'évaporation. On peut encore, dans ce but, rendre la coquille légèrement imperméable, en ajoutant une petite quantité de gélatine à la solution salicylée. Il paraît évident que si, après la trempe dans l'eau salicylée, on pouvait donner une légère couche de vernis salicylé (Lorthioi Cluydts), on arriverait à imperméabiliser complètement la coquille et assurer de cette façon une conservation pour ainsi dire indéfinie.

Il résulte aussi des essais faits jusqu'ici que l'on peut arriver à conserver de la poudre d'œufs desséchés parfaitement intacte, et présentant, même après deux ans, une fraîcheur absolue. La poudre d'œufs que nous exposions au palais du Champ-de-Mars de 1878, a été préparée au printemps de 1876 et a déjà figuré à l'Exposition d'hygiène et de sauvetage de Bruxelles, deux ans auparavant. Elle est encore aujourd'hui, après plus de quatre ans, d'une fraîcheur incontestable, et a conservé sa solubilité. Cette poudre d'œufs soluble trouvera peut-être un jour son application à la marine et à l'armée. On la prépare, en ajoutant à un litre d'œufs brouillés, jaune et blanc, un gramme d'Acide salicylique préalablement bien délayé et empâté, pour éviter les grumeaux : puis on sèche sur des plaques de zinc, à une température qui ne doit pas dépasser 40° à 45°.

SUCRE

L'Acide salicylique appliqué à l'industrie du sucre de betterave. Conservation des jus et ,, vesous ''.

Les propriétés antiseptiques de l'Acide salicylique, jointes à ses qualités remarquables par l'absence de goût, ont naturellement appelé l'attention des fabricants de sucre, qui ont un intérêt considérable à empêcher la moindre déperdition dans le rendement des jus, et il résulte de l'expérience acquise que ceux d'entre ces industriels qui se sont servis de cet agent préservateur avouent aujourd'hui qu'ils ne peuvent plus s'en passer.

Il a été établi que 10 grammes d'Acide salicylique suffisent à la conservation de 40 quintaux de jus représentant 2,000 kilog. de betteraves, au point que les fabriques qui ont adopté cette méthode de préservation peuvent, sans crainte, suspendre leurs travaux du samedi au lundi, et tous les gens du métier savent ce qu'il en coûte de passer ces 24 heures de chômage.

Les avantages de l'Acide salicylique se font surtout sentir dans la deuxième période de la campagne, alors qu'un commencement de décomposition des betteraves produit des jus plus difficiles à travailler, par suite de la formation de pellicules parasitaires provenant d'une fermentation partielle. Dans ces cas, l'addition de 10 grammes d'Acide salicylique par 40 quintaux de jus, comme il vient d'être dit, empêche la décomposition, facilite le travail et amoindrit considérablement la diminution du rendement en sucre.

Il convient de faire l'addition de l'Acide salicylique immédiatement après le râpage. A cet effet, on prépare à l'avance une solution d'une partie d'Acide salicylique dans 3 ou 4 lit. alcool, que l'on étend avec précaution de la quantité d'eau voulue pour pouvoir ensuite en distribuer le volume calculé nécessaire à une opération.

Toutefois, dans les pays où le prix de l'alcool doit entrer en ligne de compte, on se contente d'une solution saturée dans l'eau que l'on prépare à l'avance, en faisant dissoudre 3 gram. Acide salicylique dans 1 litre d'eau chaude que l'on laisse refroidir tranquillement. Il arrive parfois qu'après refroidissement, une partie de l'Acide salicylique s'est recristallisée; dans ce cas on décante seulement la partie claire avant de s'en servir, et on conserve ce qui s'est déposé pour une nouvelle dissolution.

La solution à l'eau ne présente qu'un inconvénient, celui de nécessiter de trop grandes quantités de liquide ; c'est pourquoi, quand cela est possible, il est préférable de se servir d'un dissolvant plus énergique tel que l'alcool.

Là où l'on suit encore la méthode de diffusion qui permet l'emploi de réchauffeurs, on peut faire l'addition de l'acide salicylique ,, en nature et même " dans la cuve, à raison de 5 gram. pour 30 quintaux, soit 1,500 kilog. de betteraves râpées et par batterie.

(Extrait du rapport du Dr. H. Zerener, expert juré au laboratoire technique de Magdebourg. Novembre 1879.)

FRUITS, CONFITURES, SIROPS, MIEL

Toutes les ménagères savent quelles sont les précautions à prendre pour faire des conserves de fruits, des sirops, des gelées et des confitures qui se maintiennent frais, en un mot qui ne se couvrent pas de moisissures et ne fermentent pas. Il faut notamment un excès de sucre, puis recouvrir d'une vessie ou d'un parchemin les vases que l'on remplit, afin d'éviter le contact de l'air. L'addition de 3/4 à 1 gramme d'Acide salicylique par kilog. de sirop ou de confitures prévient toute espèce d'accident, et l'on peut être certain de pouvoir conserver pour ainsi dire indéfiniment des fruits confits, sans avoir à s'inquiéter d'un bouchage hermétique. En outre, on réalisera une économie de 20 0/0 de sucre tout en ayant des confitures plus agréables, offrant plus le goût de fruits et moins cuites. Il est bon de les recouvrir d'un papier trempé soit dans du rhum, soit dans de la glycérine salicylés. On ajoute l'Acide salicylique *après la cuisson*, soit en dissolution dans un peu d'eau-de-vie ou de glycérine pendant que la confiture est encore chaude.

Jusqu'à présent, pour conserver les sucs de fruits obtenus par expression à froid, tels que les sucs de cerises, de framboises, de coings, pulpes de tomates, etc., il n'y a qu'un seul moyen : les boucher solidement dans des bouteilles de verre ou de grès très fortes, et les porter à l'ébullition, en les maintenant pendant vingt minutes à 100°. Or, beaucoup de bouteilles ne résistent pas à ce traitement, et quelquefois encore, parmi celles qui ont résisté, beaucoup fermentent après un temps plus ou moins long. Les gens du métier savent sur quelle énorme perte ils doivent compter. En additionnant ces sucs de un gramme d'Acide salicylique par litre, il n'est pas nécessaire de les porter à l'ébullition; on les bouche à froid et la conservation est parfaite d'un été à l'autre (1).

Nous pouvons affirmer qu'à notre connaissance il s'est déjà fait depuis un an plus de 300,000 kilogrammes de confitures avec addition d'Acide salicylique. Le public ne s'en est pas plaint, et es fabricants ont été satisfaits du résultat. Économie de sucre, goût de fruits plus agréable, assurance contre la casse et la moisissure, tel est le bilan de l'Acide salicylique, au chapitre des conserves de fruits.

Une très intéressante application de l'Acide salicylique, c'est son emploi à la conservation du miel. On sait combien le miel fermente, s'échauffe rapidement; et certains pays voyaient perdre, sans profit pour personne, d'énormes quantités de miel, faute de pouvoir leur faire supporter le transport. En mélangeant un gramme de notre Acide à un kilogramme de miel, soit par un brassage énergique, soit par une fusion à la température la plus basse possible, on obtient des miels toujours frais, et conservant intact l'arome qui fait leur prix et qui disparaît par la fermentation.

Maladie des abeilles. — On évite aussi la maladie des abeilles dite du « couvain », en les nourrissant avec du miel salicylé à 1/2 gr. pour 1 kil., miel que l'on fait dissoudre à chaud.

APPRÊTS, PAREMENTS, COLLES ET ALBUMINE

Les apprêteurs, les cartonniers, les fabricants de colle, les amidonniers et en général tous les industriels qui font emploi de ces substances gommeuses apprécient, de plus en plus, les services que rend l'Acide salicylique ajouté à ces matières éminemment sujettes à la décomposition.

---

(1) La maison Schlumberger et Cerckel a exposé dans la classe 72-73 des confitures de framboises, mirabelles, abricots, fraises, cuites seulement quelques instants pour conserver tout l'arome du fruit et avec 1 gramme d'Acide salicylique par kilogramme de fruits.

Elle montre également des jus de framboise et de coing de l'année précédente conservés à froid et sans sucre, dans un parfait état de fraîcheur avec la seule addition de 1 gramme d'Acide salicylique par litre.

Certains de ces produits de 1878 ont encore été exposés au Palais de l'industrie de 1879 (Exposition des sciences appliquées à l'industrie) et ont subi avec honneur l'examen du jury malgré deux ans de conservation. (Diplôme d'honneur.)

Il suffit d'ajouter de 1/2 à 1 gramme d'Acide salicylique par kilogramme d'empois ou de colle pour les préserver de la moisissure ou de la décomposition.

Pour ce qui est des apprêts, il convient de les cuire à la vapeur dans des cuves en bois, en un mot de ne pas se servir de vases en métal, parce que l'Acide salicylique provoque une coloration rougeâtre, qui rendrait l'apprêt impropre à l'usage. La proportion employée dans certains établissements d'apprêts d'étoffes est de 25 à 30 grammes d'Acide salicylique par cuve de 300 litres d'apprêt de fécule.

La boyauderie commence à se servir de l'Acide salicylique brut pour empêcher la décomposition des boyaux.

Les couleurs à l'albumine que l'on a de la peine à conserver fraîches, surtout en été, doivent être additionnées de 0,50 centigrammes d'Acide par kilogramme. Nous avons préparé de l'albumine salicylée au millième et dont la solution dans l'eau s'est conservée fraîche pendant près d'un mois.

CUIRS

Les peaux qui arrivent de la Plata (peaux de mouton et cuirs salés) se trouvent souvent dans des conditions de commencement d'altération : l'épiderme, échauffé par la fermentation malgré le salage, ne fournit que des cuirs de qualité inférieure. Si, en les salant sur la place de production, on se servait d'un peu d'Acide salicylique, on pourrait être certain d'éviter les inconvénients que je viens de signaler.

Je recommande également l'emploi de l'Acide salicylique aux tanneurs et surtout aux maroquiniers qui fendent les peaux qu'ils ont de la peine à préserver de ce qu'on appelle « l'échauffement ». Dans tous les cas, 5 ou 6 grammes par hectolitre de liquide, additionnés dans les bains de sumac, les préservera de l'aigrissage qui entraîne par le fait même une grande déperdition du principe tannant.

L'Acide salicylique brut suffit amplement pour ces usages.

ENCRE, EXTRAITS DE BOIS ET DE PLANTES MÉDICINALES

Ce qui vient d'être dit des applications industrielles de l'Acide salicylique, indique naturellement qu'il doit avoir sa place pour empêcher la moisissure de l'encre, des extraits de bois de teinture, surtout des bois jaunes, et des extraits pharmaceutiques. 0,50 centigrammes d'Acide par kilogramme suffisent dans ces divers cas.

Germination des grains. — L'Acide salicylique en solution très étendue empêche la germination des graines, semences et tubercules, de se faire très rapidement.

On sait que, pendant les grandes chaleurs, la décomposition s'empare de la plupart des graines, et les empêche de germer régulièrement. Si on arrose ces graines d'une solution salicylée, on empêche d'une façon absolue la végétation microscopique, et l'on rend possible la germination d'une façon régulière.

Eau potable. — Lorsqu'on ajoute des traces d'Acide salicylique à de l'eau de pompe dont le goût n'est pas très pur, on remarque que cette dernière se clarifie d'une façon remarquable, elle reste limpide pendant des mois. La marine trouvera dans ces propriétés de l'Acide salicylique un moyen puissant pour permettre le transport d'eau potable pendant les voyages au long cours.

On sait, en effet, que le scorbut, qui fait en mer de si grands ravages, ne prend sa cause que dans l'usage de l'eau qui a séjourné trop longtemps dans les barriques qui la contiennent, et il paraît évident que cette maladie se trouve enrayée par l'emploi de l'eau très légèrement salicylée. C'est en observant l'action de l'Acide salicylique sur les eaux calcaires que j'ai remarqué que la combinaison de l'Acide salicylique avec les sels de chaux est tellement intime que l'on peut, pour ainsi dire, évaporer l'eau jusqu'à son point de siccité sans que l'on remarque de dépôts de sels calcaires au fond du vase.

Désincrustation de chaudières. — On s'est servi avec succès de l'Acide salicylique *brut* dans les chaudières à vapeur pour empêcher les incrustations (environ 5 kil. pour 25 chevaux).

Engrais. — L'Acide salicylique brut a aussi trouvé une application heureuse dans certains engrais antiseptiques. Cette innovation, nous la devons à M. Creissac aîné, à Montagnac (Hérault) ; il paraît, d'après les expériences de cet agronome, que l'engrais salicylé a la propriété de tuer la vermine ou du moins d'empêcher son éclosion, ce qui est évidemment un point très important à observer pour l'agriculteur.

CONSERVATIONS DES COULEURS NATURELLES DES PLANTES DESSÉCHÉES

On sait qu'en traitant des spécimens de plantes par l'alcool ou par l'eau chaude, on peut conserver à ces plantes leurs couleurs naturelles plus longtemps et mieux que sans ce traitement ; toutefois, après un certain laps de temps, les couleurs commencent à perdre leur éclat. C'est ce qui a lieu spécialement pour les plantes succulentes, telles que les Orchidées, les Pinguiculées, etc., qui pendant l'opération très ennuyeuse de la dessiccation, prennent une couleur noirâtre due à la décomposition partielle, ou à la fermentation de la sève. M. Stoebzl a trouvé que l'addition d'une petite quantité d'Acide salicylique à l'alcool produit un liquide supérieur à tout autre pour ses propriétés préservatrices.

'On dissout 1 partie d'acide salicylique dans 600 parties d'alcool et on chauffe la solution au bain-marie dans une cuvette, jusqu'à ce qu'elle bouille ; on passe lentement la plante à travers la solution — une immersion prolongée décolore les fleurs violettes, — puis on secoue pour faire tomber l'excès de liquide, on dessèche entre du papier buvard et on comprime à la façon ordinaire. Il est nécessaire de renouveler fréquemment le papier buvard, surtout au commencement. Les plantes ainsi traitées se dessèchent rapidement et fournissent des spécimens d'une beauté supérieure, conservant leurs couleurs naturelles avec une plus grande perfection que par tout autre procédé.

(The journal of applied sciences, 1er mars 1878.)
(Moniteur scientifique du Dr QUESNEVILLE, juin 1879.)

TABLE

DE

SOLUBILITÉ DE L'ACIDE SALICYLIQUE

1 Litre d'eau dissout :   grammes.

A	0°.	1,50
	5°.	1,65
	10°.	1,90
	15°.	2,25
	20°.	2,70
	25°.	3,25
	30°.	3,90
	35°.	4,65
	40°.	5,55
	45°.	6,65
	50°.	8, »
	55°.	9,80
	60°.	12,25
	65°.	15,55
	70°.	19,90
	75°.	25,50
	80°.	32,55
	85°.	41,25
	90°.	51,80
	95°.	64,40
	100°.	79,25

L'alcool froid en dissout un quart de son poids.
La glycérine   —   126 grammes par litre.

L'ACIDE SALICYLIQUE

COMME MOYEN PRÉVENTIF

DE

CERTAINES MALADIES CONTAGIEUSES DU BÉTAIL

EXTRAIT

du

Journal d'agriculture pratique d'Autriche

VIIIe année, numéro 37, — 23 septembre 1877

M. Ludolf, fermier du domaine de Friederichwert, près Gotha, résume ainsi les remarquables expériences qu'il a faites, à la demande du ministre d'Etat, sur le bétail atteint du *mal de rate* (mitzbrand). Cet agronome, bien connu dans sa contrée, déclare que, depuis huit ans qu'il est fermier du domaine en question, il ne s'est pas passé d'années qu'il n'ait éprouvé des pertes plus ou moins grandes dans ses étables; à certaines époques, la mortalité était si désastreuse, qu'il a dû tenter tous les moyens de prévenir ces épidémies. Les mesures les plus sévères furent observées dans l'alimentation et les soins à donner; les désinfectants les plus connus alors furent employés, le chlorure de chaux, le phénol, la phénate de chaux, l'eau aiguisée d'acide sulfurique comme boisson, rien n'y fit. Il se résigna alors à avoir recours aux compagnies d'assurance; mais comme, en définitive, ce moyen devenait très onéreux, puisque, pour un capital de 25,000 marks, il devait payer 4,000 marks de [prime, il eut enfin l'idée d'essayer l'emploi de l'Acide salicylique dont il venait d'entendre parler avantageusement. Son vétérinaire ne lui cacha pas que ce remède préventif était d'un prix relativement élevé et que, pour agir avec succès, il devait être employé pour ainsi dire sans interruption, afin d'éliminer et de faire avorter tous les germes de contagion morbide qui infestent l'organisme des bestiaux. M. Ludolf se mit néanmoins à expérimenter la nouvelle méthode : à partir du 1er mai 1876, il administra environ 1/2 gramme d'Acide salicylique chaque jour, par cheval, par bête à cornes ou par porc. Lorsque, vers la fin de mai, une épidémie se fut déclarée dans son district, il eut le bonheur de constater qu'aucune de ses bêtes auxquelles il administrait de l'Acide salicylique ne devint malade; il observa seulement que, par les temps d'épidémie, la dose de 1/2 gramme par tête de bétail était trop faible et devait être portée au double, soit 1 gramme. Depuis lors il n'eut plus à constater le moindre accident dans ses étables.

A la suite de ces expériences concluantes, il dénonça sa police d'assurance, pour ne plus employer comme moyen préventif que l'Acide salicylique; malgré son prix élevé, celui-ci revient moins cher que tous les autres moyens compensateurs (1).

L'exploitation de M. Ludolf comptait, à la date du 1er mai 1877, 14 chevaux, 50 bœufs et vaches, 24 porcs et 15 moutons, auxquels il distribuait journellement 80 grammes d'Acide salicylique, dissous au préalable dans un seau d'eau chaude et partagés proportionnellement dans les abreuvoirs. Les moutons qui paissent aux champs ne reçoivent pas d'Acide salicylique : on ne leur en donne qu'en hiver, à raison de 1 gramme par 10 têtes. Le résultat est surprenant, et les expériences concluantes s'affirment depuis plus de dix-huit mois.

Il est intéressant de remarquer comment le fermier Ludolf eut l'idée d'employer l'Acide salicylique. Cet agronome raconte que son médecin a traité un cordonnier de son village qui, en voulant dépécer une chèvre morte du mal de rate, s'était blessé à ce point que, par suite de la contagion, son bras et sa tête enflèrent d'une façon démesurée et inquiétante ; sa vie était en danger imminent. Le médecin n'hésita pas à lui administrer jusqu'à 11 grammes d'Acide salicylique par jour, en solution dans du rhum étendu d'eau, et c'est à la suite de ce traitement qu'il fut radicalement guéri.

M. Ludolf remarque, en outre, que l'usage journalier de l'Acide salicylique n'avait jamais eu le moindre inconvénient pour la santé du bétail ainsi traité. Il conclut, dans son mémoire, que, pour éviter toute épidémie dans les étables, il convient d'administrer journellement, sans interruption, des doses minimes comme celles qui viennent d'être indiquées ; mais on ne peut garantir la réussite de ce système, qui n'est plus alors qu'une assurance amoindrie, si on interrompt l'emploi de l'antiseptique. Jamais, d'ailleurs, le bétail traité par la méthode salicylée ne s'est trouvé incommodé.

Ces observations s'appliquent également, d'après les expériences du même auteur, à la guérison de la diphtérie, qui sévit si souvent sur le bétail.

TRAITEMENT DE LA MALADIE DE LA RATE

Lorsque la maladie se déclare dans une étable, il est urgent de faire observer au bétail une diète absolue de trente-six heures; pendant ce temps et dès le début de la maladie, on administre, toutes les demi-heures, puis toutes les heures et les jours suivants toutes les deux heures, une solution de 1 gramme d'Acide salicylique dans un demi-litre d'eau ; cette dose doit être abaissée à un demi ou trois quarts de gramme si l'animal n'est pas de forte taille. Dès les deux ou trois premières doses on s'aperçoit d'un mieux sensible, qui va en augmentant quand on continue l'administration du remède. Il est urgent, malgré ce mieux établi, de maintenir la diète pendant trente-six heures, sans s'inquiéter néanmoins si la bête malade et

---

(1) La dépense dans ce cas, eu cas d'épidémie, peut être évaluée au maximum à 1/4 ou 2 1/2 centimes par jour et par tête de bétail.

soumise à la diète, s'amuse à grignoter la paille de sa litière; on peut également lui permettre de boire un peu d'eau fraîche. Après ce régime de trente-six heures de diète, on commence à donner progressivement un peu de foin ou de son bouilli à l'eau : s'abstenir de trèfle, et de nourriture excitante, maintenir strictement cette alimention pendant trois jours au moins, et, en tous cas, aussi longtemps que la maladie persiste; continuer pendant tout ce temps l'administration de l'Acide salicylique. Il résulte des observations de M. Ludolf que la médication préventive salicylée empêche d'une façon pour ainsi dire certaine les cas de mort foudroyante, si fréquents dans le mal de rate.

Ces épreuves remarquables ont été pleinement confirmées dans le district de Bezingen (Wurtemberg), où l'on compte déjà plus de 60 cultivateurs qui ont adopté d'une façon régulière l'Acide salicylique comme moyen préventif. Il a été établi que ces 60 cultivateurs n'ont pas perdu une seule tête de bétail, tandis que 240 autres agronomes du même district en ont perdu 10 pendant la même période. Ces observations ont été pleinement confirmées dans un rapport publié dans le *Journal d'Agriculture de la Saxe*.

Il résulte de cet exposé que l'Acide salicylique est un puissant auxiliaire du fermier, et qu'il devrait être considéré comme un véritable *vade-mecum*, car il constitue, malgré une faible dépense apparente de 2 centimes environ par tête de bétail, un véritable bénéfice pour l'éleveur. Malheureusement, celui-ci ne comprend pas toujours son intérêt et ne voit pas qu'un surcroît de soins en réalité insignifiant assurerait la vie du bétail, même pendant ces épidémies qui jettent l'alarme dans les campagnes, ruinent les fermes et troublent profondément les transactions agronomiques, surtout lorsque l'Etat est obligé d'intervenir, en établissant des cordons sanitaires et prohibant l'importation et l'exportation du bétail.

Non seulement l'Acide salicylique est appelé à rendre les plus grands services dans l'élève du bétail, mais encore il procure une économie considérable aux fermiers qui ont à garder du cidre, du vin, de la bière, des œufs, du beurre, de la viande, etc.: ces provisions si sujettes à se gâter dans la saison d'été, tandis que quelques fractions de millièmes d'Acide salicylique leur assureraient une parfaite conservation (1).

---

(1) Voir le chapitre relatif à ces divers produits.

Le dépôt central de la fabrique de l'Acide salicylique se trouve :

à Paris, 26, rue Bergère

Boîte de ménage, 50 grammes. 2 francs.

— Par kilo. . . 25 —

NOTES SCIENTIFIQUES

SUR LES

SALICYLATES ET LES BENZOATES

Le Salicylate de soude Schlumberger est le plus remarquable des analgésiants ; il a la propriété de calmer l'élément *douleur* en ce sens qu'il rétablit la circulation là où elle se trouve obstruée ou engorgée. Aucun médicament ne peut lui être comparé lorsqu'il s'agit de combattre les névralgies et les douleurs rhumatismales. Le professeur GERMAIN SÉE, médecin à l'Hôtel-Dieu de Paris, a affirmé dans son rapport à l'Académie, en juin 1877, que, sur 52 cas de rhumatismes, il avait obtenu 51 guérisons — moyenne de guérison en trois jours. Le docteur LÉONARD ASTER observe 39 cas de guérison et un seul insuccès.

On ne peut plus compter le nombre des rapports qui ont été faits par les médecins de tous les pays. Le Dictionnaire encyclopédique, 1879, du docteur DECHAMBRE a consacré 42 pages à la médication des Salicylates. Il convient, dans tous les cas, de donner la préférence au *Salicylate de soude cristallisé, qui a sur l'amorphe l'avantage d'une épuration à l'alcool qui le débarrasse de toute trace d'impureté et d'âcreté.*

On commence à l'employer avec succès, pour les cas de rhumatisme, à l'état de compresses ou de pommade que l'on applique sur la partie enflée, il agit dans ce cas par endosmose.

Boîte dosée, 30 prises : 3 francs

Cachet CHEVRIER, pharmacien de 1re cl., 21, faub. Montmartre.

Le Salicylate de Lithine, par ses propriétés dissolvantes des dépôts uratés (tophus), est indiqué en première ligne pour enrayer la goutte. Son action est tellement nette que cinq à huit pilules dosées à dix centigrammes suffisent, par vingt-quatre heures, pour amener au bout de peu de jours un soulagement que l'on n'obtient par aucun autre remède d'une façon plus rapide. C'est en même temps le dissolvant le plus précieux de la gravelle. Il exerce même son action bienfaisante par de simples compresses (30 gr. par litre d'eau) sur la partie malade. Voir, pour des observations, la *Revue de littérature médicale* du docteur F. BREMONT, 1878, pages 354, 476 et 413.

Flacon 60 pilules à 10 centigrammes : 5 francs

Cachet CHEVRIER, pharmacien de 1re classe, Paris.

Les Pastilles salicylées agissent sur les muqueuses en raison de l'Acide salicylique qu'elles contiennent. Il n'est pour ainsi dire pas d'exemple qu'un rhume ou une affection de la gorge ait résisté longtemps à l'usage de ces pastilles. Les guérisons de la diphtérie et du croup par l'emploi de l'Acide salicylique sont assez nombreuses d'évidence pour que l'on puisse avoir une confiance absolue dans l'emploi des pastilles à bases d'Acide salicylique. — C'est au docteur WAGNER, de Friedberg, que l'on doit les premières observations de guérison de la diphtérie par l'Acide salicylique. — Il annonce que, sur trente-deux cas, il a obtenu un succès absolument complet.

La boîte : 2 francs

Cachet CHEVRIER, pharmacien de 1re classe. Paris.

Le Salicylate de Quinine possède, à un double point de vue, les qualités précieuses que l'on recherche dans la quinine. — En effet, l'action fébrifuge de ce médicament est encore augmentée par celle de l'Acide salicylique qui a servi à salifier cette base et qui agit de son côté comme un puissant apyrétique.

Le Salicylate de quinine est en outre beaucoup moins amer que le sulfate, et les malades l'avalent sans répugnance. Le lait est un excellent véhicule et enlève tout goût d'amertume.

La boîte : 6 francs

Cachet CHEVRIER, pharmacien de 1re classe. Paris.

Le Tartro-Salicylate de fer et de potasse. Un nouveau venu dans la thérapeutique promet les plus heureux résultats en ce sens que ses propriétés lui permettent de *s'assimiler* à l'organisme mieux que toute autre préparation ferrugineuse; en effet, contrairement au fer dialysé, le chlorure de sodium, les alcalins, l'acide chlorhydrique et même l'acide lactique n'ont aucune action précipitante sur ce sel, d'une solubilité extrême. Il ne laisse aucun goût, ne constipe pas et ne noircit pas les dents. En un mot, c'est le plus rationnel des ferrugineux connus. Nous l'avons spécialisé sous quatre formes différentes. (Voir la note spécialement consacrée à ce produit, page 65.)

Flacon : 2 francs 50

Cachet MONTREUIL fr., ph. de 1re cl. Paris, 15, rue Palestro.

Le Salicylate de Magnésie est fort peu employé en médecine et c'est un tort, par ce que, tout en agissant aussi bien que le salicylate de soude, il présente les avantages de constiper moins et de ne pas fatiguer les reins. Les expériences faites par le docteur OULMONT semblent pleinement confirmer ce fait.

Le Salicylate de Bismuth Basique a été étudié récemment par le Docteur DUJARDIN-BEAUMETZ, à l'hôpital Saint-Antoine, et les effets qu'il en a obtenus pour combattre les diarrhées ont dépassé son attente. Il agit positivement mieux que le sous-nitrate de bismuth, et cela grâce à la double action de l'oxyde de bismuth qui agit comme absorbant et de l'Acide salicylique qui fait son office de désinfectant sur les muqueuses du gros intestin.

Le Salicylate de Cuivre est un vomitif excellent et plus agréable à prendre que l'ipéca; 25 centigrammes pour les enfants et 50 centigrammes pour les adultes. (Expériences du docteur DUJARDIN-BEAUMETZ, hôpital Saint-Antoine, octobre 1879.)

Le Salicylate Mercureux Basique promet de remplacer le calomel, surtout à la suite de l'action qu'exerce dans l'estomac l'acide chlorhydrique qui est contenu dans le suc gastrique.

La Glycérine et la Ouate Salicylée se recommandent d'elles-mêmes pour le pansement des plaies, brûlures, etc. L'action antiseptique de l'Acide salicylique appliqué au moyen de ces véhicules ne laisse aucun doute sur les résultats que l'on doit en attendre.

Tout le monde devrait avoir chez soi un flacon de glycérine ou un rouleau de ouate salicylées.

Les Benzoates de Soude et de Magnésie, le dernier surtout, ont été recommandés par le professeur KLEBS, de Prague (1). Leur action est souveraine dans les cas d'affections catarrhales et surtout dans la diphtérie. Ce médicament est aisément supporté à la dose :

De 5 gr. par jour pour les enfants au-dessous de 1 an ;

De 7 à 8 gr. par jour pour les enfants de 1 an à 3 ans;

De 8 à 10 gr. par jour pour les enfants de 3 à 7 ans;

De 10 à 15 gr. par jour pour les enfants au-dessus de 7 ans.

Les adultes prennent jusqu'à 15 et 25 grammes par jour. Le docteur MASSON (*Annales de la Société médicale de Liège*) dit que, sur 27 cas de diphtérie, dont 21 chez les enfants, il n'a perdu qu'un seul malade. et encore cet enfant était-il âgé de 2 ans et demi seulement, fort chétif, atteint de laryngite à la suite d'une première attaque de croup.

Comme traitement local, on touche les exsudats avec du benzoate en poudre, deux ou trois fois par jour, dans les cas légers, ou toutes les trois heures, dans les cas graves.

Il faut aussi faire usage de gargarismes préparés avec 10 grammes pour 200 véhicules.

D'autres praticiens auraient obtenu les mêmes résultats étonnants. A recommander pour les cas d'affections uréthrales.

Les Benzoates de la même famille chimique que les Salicylates sont les dignes émules de ceux-ci, ils agissent sur les muqueuses malades avec une sûreté remarquable. Les bronchites les plus invétérées peuvent être guéries rapidement par l'absorption de 5 à 10 grains Salicylate de magnésie par jour, ce médicament est aisément supporté à hautes doses par les tempéraments les plus délicats.

C'est par les Benzoates que l'on doit attaquer d'emblée tout commencement d'affection de poitrine.

---

(1) Expériences du professeur KLEBS, à Prague (*Gazette médicale de Vienne*, octobre 1878, janvier 1879).

NOTE MÉDICALE SUR L'EMPLOI

DES

SALICYLATES SCHLUMBERGER

En outre des propriétés chimiques spéciales, qui font des sels salicylés le meilleur dissolvant de l'élément rhumatismal et goutteux, les Salicylates possèdent encore le pouvoir admirable de vaincre rapidement les douleurs les plus aiguës engendrées par les affections articulaires, musculaires, viscérales, névralgiques, etc.

Cette puissance analgésiante (calmante) incomparable, reconnue par tous les corps savants, démontrée par des milliers de guérisons, a fait des salicylates des médicaments usuels que l'on trouve aujourd'hui dans toutes les familles.

Pour retirer de leur emploi les avantages réels qu'ils sont en droit d'attendre, les malades auront soin d'en faire régler la dose par le médecin de leur choix.

Ceux qui, privés des conseils de l'homme de l'art, devront s'administrer eux-mêmes les médicaments salicylés, se conformeront aux prescriptions suivantes :

RHUMATISME AIGU

Le matin, à midi et le soir, prendre dans un demi-verre d'eau aiguisée, suivant le goût du malade, d'un peu d'eau-de-vie, de citron ou de réglisse, une prise dosée de *Salicylate de soude Schlumberger* (soit 1 gr. 50 par jour). Tous les deux jours augmenter d'une prise à chaque fois jusqu'à ce que l'on soit arrivé à la dose journalière de 6 grammes, soit douze prises; rarement il est nécessaire d'atteindre cette proportion pour voir cesser les douleurs, mais pourtant on peut la dépasser sans inconvénient en ayant soin de se conformer à la règle indiquée.

Il arrive parfois que certaines personnes éprouvent une sorte d'irritation sur la langue à la suite de l'absorption du Salicylate; cela provient de ce que la potion a été trop concentrée; il convient dans ce cas de faire la solution de la dose dans un plein verre d'eau au lieu d'un demi-verre.

Il est recommandé essentiellement de ne pas prendre le médicament immédiatement après les repas pour ne pas troubler la digestion et de ne pas abandonner d'une façon brusque l'usage du salicylate; pour éviter les rechutes on continuera à dose décroissante; si le malade avait pris, par exemple, douze paquets le jour de la cessation des douleurs, il en reprendra dix le lendemain, huit le jour suivant, puis il se contentera de six, de quatre et enfin de trois pendant au moins une semaine entière.

NOTA. Le Salicylate de soude, comme le sulfate de quinine, produit parfois des tintements d'oreille et une sorte de surdité partielle. Cette manifestation curative n'a rien qui doive inquiéter; elle constitue plutôt pour le malade un avertissement utile d'avoir à ne pas augmenter trop rapidement la dose du médicament.

RHUMATISME CHRONIQUE

Prendre pendant huit jours, en trois fois, le matin, à midi et le soir, trois prises de Salicylate de soude Schlumberger; doubler la dose la semaine suivante, s'en tenir à ces six prises pendant la troisième semaine; revenir à trois prises et diminuer ensuite insensiblement. Si la guérison complète n'a pu être obtenue au bout d'un mois, parce que le mal datait d'un trop grand nombre d'années, on doit avoir recours au *Salicylate de Lithine Schlumberger* employé de la manière que voici : pendant la première semaine trois pilules de Salicylate de Lithine par jour; augmenter d'une tous les huit jours. Il est rare que la maladie ne se termine pas avant qu'on soit arrivé à la dose maxima de dix pilules. Dans tous les cas, diminuer le médicament d'une façon décroissante et ne jamais l'abandonner brusquement.

GOUTTE AIGUË

Même traitement que pour le rhumatisme aigu en ajoutant : cataplasmes de farine de lin laudanisée très-chauds, appliqués sur les articulations malades, tisanes de racines fraîches de sureau.

GOUTTE CHRONIQUE

S'adresser d'emblée au *Salicylate de Lithine* à la dose de deux, puis de quatre, enfin de six pilules par jour; ne pas se condamner à l'immobilité, se purger de temps en temps avec de l'huile de ricin ou de la scammonée, boire tous les jours un litre de tisane de sureau. En faisant ainsi, la guérison arrive très rapidement.

Quand elle est retardée par la présence de dépôts tophacés au niveau des articulations, il est fort utile de faire fondre ces dépôts pathologiques en appliquant sur le mal des compresses imbibées de la lotion anti-goutteuse lithinée que l'on peut se faire préparer chez tous les pharmaciens selon la formule du docteur Félix Brémond, soit :

Salicylate de Lithine............	10 grammes,
Eau distillée....................	500 —.

AVIS IMPORTANT

Il est absolument nécessaire de ne se servir que de Salicylates préparés avec les plus grands soins. Notre Salicylate de soude spécialisé est toujours cristallisé en petites paillettes blanches nacrées; ne pas le confondre avec le Salicylate en poudre non cristallisé qui ne peut jamais être aussi épuré. Pour éviter les contrefaçons, exiger les Cachets et la Marque des fabricants brevetés.

Exiger le cachet

SCHLUMBERGER & CERCKEL
26, Rue Bergère. — Paris

SALICYLATE DE FER ASSIMILABLE

EN PAILLETTES SOLUBLES

(Tartro-Salicylate de fer et de potasse)

DE A. SCHLUMBERGER

Préparé par MONTREUIL frères et Cⁱᵉ

Pharmacien de 1ʳᵉ classe, ex-interne médaillé des hôpitaux

Cette préparation martiale est, par sa constitution chimique, celle d'entre toutes les combinaisons ferrugineuses qui présente le plus de garantie d'efficacité dans les nombreux cas de maladies où le fer est indiqué.

Puisqu'il est reconnu depuis longtemps et qu'il vient d'être affirmé à l'Académie de médecine que le fer dialysé n'a qu'une action douteuse sur l'économie, nous avons cru qu'il était opportun de doter la thérapeutique d'un sel de fer capable de s'assimiler dans l'organisme, et, connaissant les propriétés éminemment salifiables de l'Acide salicylique, nous avons combiné celui-ci à l'oxyde ferrique de façon à former un sel doué d'une solubilité parfaite et d'une absence complète de goût qu'on ne rencontre dans aucune combinaison ferrugineuse.

Il est, croyons-nous, important d'observer, que le **Salicylate de fer n'est pas précipité par une solution de sel marin, tandis que ce réactif précipite abondamment le fer dialysé.** Or, chacun sait que le sel marin existe à dose plus ou moins forte dans tous les aliments sans exception.

Nous croyons utile de rappeler que cette association de l'Acide salicylique (l'antiseptique par excellence) avec le fer présente des avantages qui, jusqu'à ce jour, faisaient le **desideratum** du corps médical. On sait aujourd'hui avec quelle facilité les Salicylates, dans l'organisme, cèdent leur base pour permettre à l'Acide salicylique d'exercer son action dans la circulation en assainissant le sang et les nombreux vaisseaux par lesquels il passe; il en résulte donc un double service, car, en abandonnant l'Acide salicylique, l'oxyde de fer, pour ainsi dire à l'état naissant, vient à son tour remplir son rôle fortifiant sur les globules appauvris du sang. Cette action importante n'est diminuée par rien, parce que le Salicylate de fer n'est précipité ni par le chlorure de sodium (sel marin), ni par l'acide chlorhydrique, ni par le carbonate ou le salicylate de soude, pas même par l'acide lactique.

Notre Salicylate de fer, préparé par MM. Montreuil frères et Cⁱᵉ, pharmacien de 1ʳᵉ classe, est logé dans des petits flacons, accompagnés d'une petite cuiller formant la mesure qu'il convient de prendre pendant les repas, soit dans du vin, de l'eau, ou le potage, le **Salicylate de fer assimilable est indiqué dans les cas de chlorose, anémie, fièvres palustres, débilité, pertes blanches, pâles couleurs, etc.**

Il ne constipe pas et ne noircit pas les dents. Le **Salicylate de** fer est en même temps un remarquable hémostatique; son application sur les plaies ou sur une coupure arrête instantanément l'effusion du sang.

Nous présentons aujourd'hui le Salicylate de fer assimilable sous quatre formes spéciales :

1° A L'ÉTAT SOLIDE, le flacon avec étui : 2 fr. 50

C'est-à-dire en paillettes solubles, comme il vient d'être dit d'autre part.

2° SOLUTION TITRÉE DE SALICYLATE DE FER, le flacon : 3 fr. 50

Cette préparation, la plus simple que l'on puisse offrir aux médecins comme garantie de pureté et de facilité d'emploi, n'est, en effet, qu'une solution du *sel en paillettes* dans l'eau distillée. — La fiole est accompagnée d'une petite mesure contenant 5 grammes de solution et représentant 10 centigrammes de sel de fer sec. On peut administrer cette solution à l'intérieur dans un peu d'eau sucrée, du vin, du bouillon, même du potage; à l'extérieur, comme hémostatique, soit pure, soit étendue d'eau, dans les coupures ou sur des plaies de mauvaise nature, car il faut bien se convaincre que, pour être associé au fer, l'Acide salicylique n'en conserve pas moins ses propriétés antiseptiques. Cette préparation peut être administrée même aux enfants, sa saveur n'étant nullement désagréable et n'ayant point l'inconvénient de noircir les dents.

3° SIROP DE SALICYLATE DE FER, le flacon : 3 fr. 50

Dosé à 10 centigrammes par cuillerée à dessert (soit 10 gr.), ce sirop, agréable au goût, permet de l'administrer aux enfants sans qu'ils puissent avoir la plus petite répugnance à le prendre, n'ayant aucune idée qu'ils ingèrent un médicament.
Il est également dosé avec scrupule, et sa conservation est indéfinié.

4° DRAGÉES DE SALICYLATE DE FER, la boîte 2 fr. 50

Cette préparation permet de ne pas cesser le traitement ferrugineux quand on se met en voyage, ou quand on est rebelle à boire un liquide médicamenteux. Nous avons dosé chaque pilule à 0,05 centigrammes afin qu'elles soient assez petites pour que tout le monde puisse les avaler sans difficulté. — Le dosage exact permet d'en prendre, selon le désir du médecin, depuis une jusqu'à six, soit 0,30 centigrammes par jour.
Toutes ces préparations, dosées avec le plus grand soin, peuvent être avantageusement prescrites dans tous les cas où les ferrugineux sont utiles c'est-à-dire dans la chlorose, l'anémie, les fièvres palustres, la débilité, pertes blanches, convalescence, pâles couleurs, etc.

Gros : **SCHLUMBERGER et CERCKEL, 26, rue Bergère, PARIS.**
Détail : **MONTREUIL FRÈRES ET Cⁱᵉ, Pharmacien de 1ʳᵉ Classe,**
MÉDAILLÉ DES HOPITAUX
15, rue de Palestro (Cour des Bleus), PARIS

Exiger la marque et le cachet de garantie de **Schlumberger et Cerckel, 26, rue Bergère, Paris,** ainsi que le nom de **Montreuil frères et Cⁱᵉ,** pharmacien de 1ʳᵉ classe, dépositaire, 15, rue Palestro, Paris.

Se trouve dans toutes les bonnes pharmacies de France et de l'Étranger

PARFUMERIE ANTISEPTIQUE

SALICYLÉE

DE

SCHLUMBERGER & CERCKEL

26, RUE BERGÈRE, PARIS

Les merveilleuses propriétés antiseptiques de l'*Acide salicylique*, dont les effets salutaires ont été démontrés d'une façon si éclatante à l'Académie de médecine, nous ont engagés à en faire des applications à la Parfumèrie; c'est, en effet, dans cette branche surtout, qu'il s'agit d'unir l'*utile à l'agréable*.

Quand on considère que l'Acide salicylique, du reste d'une innocuité reconnue, employé même par fraction de millièmes, empêche ou arrête la fermentation et la décomposition de liquides ou de corps susceptibles d'altération, on comprend son efficacité et son utilité indispensables pour les soins de la toilette.

En un mot, l'Acide salicylique est ce que l'on peut appeler le désinfectant et le préservatif par excellence, et l'on peut dire qu'il est pour l'épiderme l'agent purifiant le plus puissant; il n'a d'acide que le nom, et, loin d'être irritant, son usage journalier dans la toilette donne à la peau plus de force et de vie.

Savon de toilette salicylé

Le savon salicylé est le savon hygiénique par excellence, il est le meilleur préservatif des éruptions de la peau, il guérit les éraflures, gerçures et boutons de mauvaise nature.— Il est indispensable aux médecins, aux chirurgiens et à toutes les personnes qui soignent les malades atteints d'affections contagieuses, car il détruit tous les germes morbides qui peuvent rester déposés sur l'épiderme.

Eau dentifrice salicylée

(FLACON ET DEMI-FLACON)

Cette eau dentifrice salicylée parfume l'haleine, assainit les gencives et fait disparaître les aphtes. Les propriétés antiseptiques et curatives de l'Acide salicylique, qui en fait la base, la rendent précieuse sous tous les rapports, car elle arrête immédiatement les effets d'une haleine désagréable. Mise à vif sur une dent cariée, *elle calme instantanément* les douleurs.

Duvet de Riz salicylé

Cette Poudre, comme l'indique son nom, donne au visage l'éclat et la fraîcheur de la jeunesse ; d'ailleurs tout à fait inoffensive, elle est précieuse pour la toilette si délicate des bébés, et nous ne saurions trop la recommander aux mères de famille pour remplacer la poudre d'amidon ou de lycopode.

Son action n'est pas seulement passagère : l'adjonction du meilleur antiseptique lui donne des propriétés hygiéniques spéciales. Ainsi, dans les cas de transpiration trop abondante, elle tonifie l'épiderme, régularise ses fonctions et fait disparaître d'une manière définitive les effets d'une désagréable infirmité.

Huile antipelliculaire

(A BASE D'ACIDE SALICYLIQUE)

Cette Huile, préparée à l'Acide salicylique, jouit de la propriété de faire disparaître, infailliblement et sur-le-champ, les pellicules qui font souvent la désolation des personnes qui en ressentent les inconvénients.

Elle est, dans tous les cas, supérieure à toutes les autres huiles connues jusqu'à ce jour, à cause de son efficacité antiseptique et de son action bienfaisante sur les boutons ou démangeaisons que l'Acide salicylique calme instantanément.

Eau de toilette spéciale antiseptique ;
Eau de Lavande antiseptique ;
Eau de Cologne antiseptique ;
Eau de Quinine antiseptique ;
Vinaigre antiseptique.

FLACONS DEPUIS **2, 3, 5** ET **7** FR. SUIVANT LA GRANDEUR.

Ces solutions antiseptiques salicylées, parfumées aux bouquets les plus suaves, sont supérieures pour la toilette ; elles préviennent l'action délétère des miasmes, des maladies contagieuses et épidémiques.

Dépôt central : à la Compagnie générale des Produits antiseptiques
26, rue Bergère, à Paris

Saint-Ouen (Seine).— Imprimerie JULES BOYER (Soc. gén. d'imp.)

DE LA GLYCÉRINE DANS LE VIN ET DANS LA BIÈRE

La Glycérine donne au vin et à la bière du moelleux, en même temps qu'elle supprime les causes de leurs altérations spontanées.

Par son goût agréable et franchement sucré, elle corrige la Verdeur et l'Acidité de certains vins et l'amertume des bières.

La Glycérine est un sirop exempt des droits d'octroi, elle est presque aussi sucrée que la Glucose, et a l'avantage de ne pas fermenter tout en aidant à la clarification.

En ajoutant de la Glycérine dans le vin et dans la bière, on n'introduit aucun élément nuisible ni nouveau, car il en existe déjà à l'état naturel dans ces deux boissons.

L'addition de la Glycérine augmente peu le prix de revient car il suffit d'un litre par hectolitre.

La Glycérine vaut de 95 à 120 et 140 francs les 100 kilogr. suivant les qualités et le degré ; en général il est préférable d'employer ma qualité, chimiquement pure double, distillée

SANS CHAUX NI CHLORE

S'adresser à VICTOR CLOLUS

48, 50, 52, rue du Vieux-Pont de Sèvres

A BILLANCOURT PRÈS PARIS

COMPAGNIE DES GRANDS VINS DE CHAMPAGNE

UNION DE PROPRIÉTAIRES, Fondée en 1858

E. MERCIER ET Cie

ÉPERNAY (Marne)

VIGNOBLES TRÈS IMPORTANTS DANS LES CRUS LES PLUS RENOMMÉS

2 premières médailles Exposition de Philadelphie. Unique médaille d'argent, Exposition de Nancy 1877.

Médailles d'or et d'argent, Expositions universelle, Paris 1878-1879 et Reims 1879

Immenses et magnifiques caves creusées dans la craie réputées les meilleures et les plus grandes de la Champagne, reliées par une voie ferrée aux chemins de fer de l'Est.

MAISON A PARIS, 7, BOULEVARD DES ITALIENS

PRIX COURANT :

CARTE NOIRE...................... 3 fr. 50 | Vins doux et secs (Goût an-
— BLANCHE...................... 4 50 | glais). La bouteille prise
— D'OR...................... 5 00 | à Epernay *sans emballage*,
— SPLENDIDE CHAMPAGNE | valeur à 120 jours net ou
(*grand vin de réserve*)......... 6 00 | comptant 2 0/0 d'escompte.

NOTA : Les deux demi-bouteilles se payent 30 centimes en plus et l'emballage est compté à raison de 20 centimes par bouteille.

ÉVITER LES CONTREFAÇONS. EXIGER LA VÉRITABLE MARQUE

Conditions et qualités spéciales pour le gros et l'exportation.

On peut se procurer les vins de la Compagnie :

A ÉPERNAY, au siège de la Société.
A PARIS, boul. des Italiens, 7, et pas. des Princes, 1
A NEW-YORK, chez M. Georges Muller, 22 Liberty Str.
A LONDRES, agent général, 73 Mark Lane.

A BRUXELLES, chez M. L. Pitsels, 17, rue de la Régence.
A BERLIN, chez M. Devantier, 26, Schœne-berger-Ufer.
A HAMBOURG, chez M. Moritz Schloss, 18, Alterwall.

ET DANS TOUTES LES PRINCIPALES VILLES, chez les Agents de la Maison.

Les Asperges Louis LHÉRAULT ont obtenu le GRAND PRIX
A L'EXPOSITION UNIVERSELLE DE 1878
Pour leur *qualité, rendement, volume, beauté, précocité, rusticité*, etc.
POUR AVOIR DU PLANT de ces ASPERGES s'adresser directement et exclusivement

A M. Louis LHÉRAULT

Horticulteur-Cultivateur, 29, rue des Ouches, à Argenteuil (Seine-et-Oise)
Seul lauréat des Médailles d'Honneur et Diplôme de mérite qui ont été décernés à ce légume, si réputé,
aux Grandes Expositions internationales européennes

Grande collection de Vignes de cuve et de table (1.000 variétés) et de Fraisiers de pleine terre et pour culture forcée.
Comprenant les variétés (300) les plus nouvelles et les plus renommées. Vigne Gamay noir d'Argenteuil, la plus rustique, la plus productive et la plus cultivée pour la fabrication du vin.

L'époque la plus convenable pour les plantations est : pour les Asperges de janvier à fin avril : pour les Figuiers, Vignes et Fraisiers, depuis fin octobre jusqu'à avril.

ENVOI FRANCO DU CATALOGUE sur demande affranchie

Chez l'auteur . *Instructions générales sur la culture des Asperges d'Argenteuil.* par Louis LHÉRAULT, 2e édition. Prix 1 fr.
Culture du Figuier blanc d'Argenteuil. par le MÊME, 2e édition. . . . . Prix 1 fr.

L. MAGNIAT & Cie

Brevetés S. G. D. G.

Seul médaillé pour ces sortes de produits à l'Exposition Universelle de 1878
à Paris (classe 54)

USINE ET BUREAUX : 4 ET 6, RUE DE NANTES, PARIS

MASTIC CALORIFUGE

FRANCO UNIVERSEL

Pour enveloppes de chaudières et conduites de vapeur,
procurant une économie de charbon 17 fr. la
tonne de 8 à 14 centimes par jour
et par mètre carré de surface recouverte

JOINT MÉTALLIQUE UNIVERSEL

Pour conduites de vapeur, eaux et gaz, résistant aux plus fortes
pressions et aux coups d'eau. Propreté, sécurité, économie.

dépenses à
faire 8 à 12 francs par
mètre carré

ENDUIT

Métallique noir et couleur contre la rouille et l'humidité.

PARATARTRE FRANÇAIS

Désincrustant sans odeur et sans acide pour chaudières à vapeur, réussite garantie.

On envoie en aussi petite quantité que l'on désire

Envoi franco de renseignements

SUPPRESSION DU COLLAGE

PLUS DE LIE, PLUS DE DÉCHETS !!!

APPAREILS A FILTRER

BREVETÉS S. G. D. G.

ROUHETTE & Cie

30, Quai de la Rapée, 30, Paris.

N° 1, 70 fr. — N° 2, 120 fr. — N° 3, 250 fr. — N° 4, 400 fr. —
N° 5, 550 fr. — N° 6, 700 fr. — N° 7, 1,000 fr. — N° 8, 1,150 fr. —
N° 9, 1,300 fr. — N° 10, 1,450 fr. — N° 11, 1,650 fr. —
N° 12, 1,850 fr.

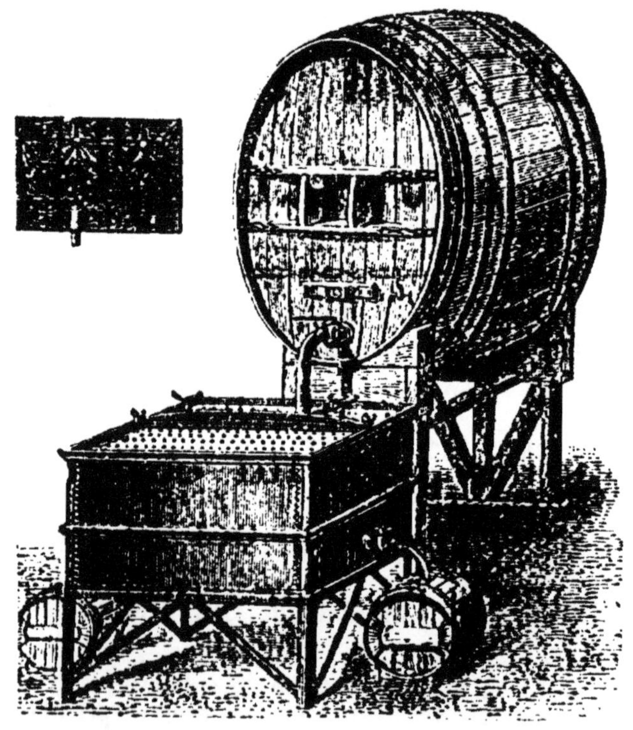

Ces appareils d'une organisation et d'un système supérieurs à tous les filtres parus jusqu'à ce jour permettent d'obtenir, par un travail facile et rapide, telle quantité qu'on désire suivant l'importance de l'appareil, soit : 10, 20, 50, 100, 200 pièces par jour. Plusieurs des principales maisons de l'Entrepôt général de **Bercy**, et des magasins de **Nicolaï**, font usage de ce filtre qui économise plus de 80 0/0 sur les anciennes manutentions.

Vernis Salicylé

ANTISEPTIQUE

Breveté S. G. D. G.

LORTHIOIR CLUYDTS

BRUXELLES

Ce Vernis, par les propriétés antiseptiques que lui communique l'Acide Salicylique, est le meilleur enduit préservateur des fûts à Bière ou à Vin.

Pas de MOISISSURE possible.

L'hygiène pour Tous

REVUE DE LITTÉRATURE MÉDICALE

HEBDOMADAIRE

RÉDACTEUR EN CHEF :

Docteur FÉLIX BREMOND

2, Passage Saulnier, Paris

10 Centimes le Numéro, à Paris

ABONNEMENT :

Paris. . . . . 5 francs.

Département. . . . . 6 —

Étranger.. . . . . 8 —

On ne reçoit que des Abonnements d'un an,
à partir du 1er Janvier

J.-A. PENNÈS & FILS

2, Rue de Latran, PARIS

Pharm.
et Drog.

Sel de J.-A. PENNÈS, pour Bains stimulants . . . . Le rouleau. 1 25 0 85

Escompte en plus sur le net :	jusqu'à 49 rouleaux	5 %	
—	—	de 50 à 299 —	10 %
—	—	de 300 à 999 —	15 %
—	—	à partir de 1,000 —	20 %

PRINCIPAUX PRODUITS EN COMMISSION :

(Rapport favorable de l'Académie de Médecine, 11 février 1879.) . . . . *Le flacon.* 2 » 1 40

Le litre. 10 » 7 »

Sirop au Bromure d'Ammonium, de PENNÈS et PELISSE . . . . . *Le flacon.* 6 » 4 20

Sirop au Bromure de Sodium, de PENNÈS et PELISSE . . . . . . *Id.* 5 » 3 50

Sirop au Bromure de Potassium, de PENNÈS et PELISSE . . . . . *Id.* 4 50 3 15

Escompte en plus : 10 % pour commandes au-dessous de 100 fr. aux prix nets.

— — 10 % — à partir de 100 fr. —

0000-80. — Saint-Ouen (Seine). — Imp. JULES BOYER (Société générale d'imprimerie).

J.-A. PENNÈS & FILS

2, Rue de Latran, PARIS

Sel de J.-A. PENNÈS, pour Bains stimulants . . . . *Le rouleau.*   1 25   0 85
   Escompte en plus sur le net : jusqu'à 49 rouleaux   5 %
     —   —   de 50 à 299   —   10 %
     —   —   de 300 à 999   —   15 %
     —   —   à partir de 1,000   —   20 %

PRINCIPAUX PRODUITS EN COMMISSION :

(Rapport favorable de l'Académie de Médecine, 11 février 1879.) . . . . *Le flacon.*   2   »   1 40
                                             Le litre.   10   »   7   »
Sirop au Bromure d'Ammonium, de PENNÈS et PELISSE. . . . . *Le flacon.*   6   »   4 20
Sirop au Bromure de Sodium, de PENNÈS et PELISSE . . . . . . *Id.*   5   »   3 50
Sirop au Bromure de Potassium, de PENNÈS et PELISSE . . . . . *Id.*   4 50   3 15
   Escompte en plus : 10 % pour commandes au-dessous de 100 fr. aux prix nets.
     —   —   10 %   —   à partir de 100 fr.   —

0000-80. — Saint-Ouen (Seine). — Imp. JULES BOYER (Société générale d'imprimerie).

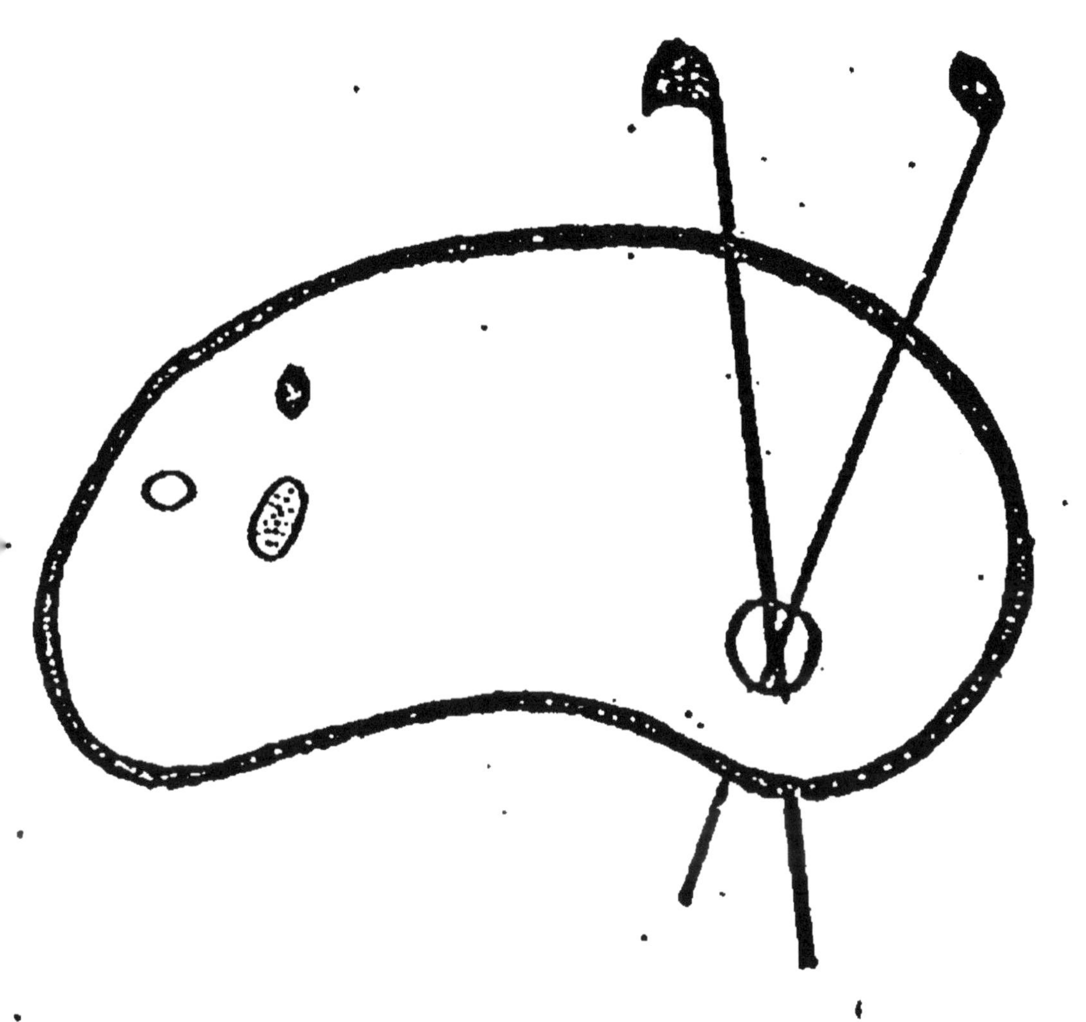

ORIGINAL EN COULEUR

PLUS DE DOS RONDS

BRETELLE AMÉRICAINE
BREVETÉE

Cette Bretelle a dans sa forme particulière l'avantage de faire ressortir la poitrine et de soutenir la jupe.

1. Elle élargit la poitrine et donne aux poumons une respiration libre.
2. Elle tient les épaules droites.
3. Elle soulage le dos, les côtes et les organes abdominaux en dégageant des épaules tout le poids de la jupe.
4. Elle soulage les courbatures, les fatigues, et donne une vie nouvelle à la personne qui la porte.
5. Elle est d'une valeur incontestable pour les jeunes filles qui grandissent et qui font leurs études.
6. Elle se porte sans aucun inconvénient et avec une sorte de bien-être pour la personne qui en fait usage.

Prière de donner la mesure de la poitrine en envoyant la commande.

Cette Bretelle a dans sa forme particulière l'avantage de la bretelle ordinaire et celui de faire ressortir la poitrine.

1. Elle élargit la poitrine et donne aux poumons une respiration libre.
2. Elle tient les épaules droites.
3. Elle ne dérange pas le devant de la chemise.
4. Elle ne peut pas glisser de sur les épaules.
5. Il y a moins de tirage sur les boutons du pantalon qu'avec des bretelles ordinaires.
6. Chaque partie du pantalon peut être fixée comme l'on veut.
7. Par le moyen de la patte de derrière, on peut élargir ou diminuer la longueur de la bretelle.
8. Elle s'attache aux mêmes endroits que la bretelle ordinaire.
9. Quand il pleut, on peut relever le derrière de son pantalon sans affecter le devant.

Prière de donner la mesure de la poitrine en envoyant la commande.

Envoi franco, suivant les qualités de 3 fr., 5 fr., 7 fr. 50 et 10 francs.

MAISON PRINCIPALE ET DÉPOT GÉNÉRAL POUR LA FRANCE ET LE CONTINENT :

134, RUE DE RIVOLI, 134

Les Mandats de poste sont payables à l'ordre de N. KENDALL, 134, rue de Rivoli.

ON FAIT UN FORT ESCOMPTE AU COMMERCE.